北方民族大学文库

黄河上游连续弯道水流运动及泥沙运移数值模拟研究

景何仿　李春光　著

黄河水利出版社

·郑州·

内 容 提 要

本书结合作者的部分研究成果,以及在相关科研实践中的积累,在作者博士论文的基础上经过认真修改而成。本书主要建立了关于天然河流的平面二维紊流水沙数学模型,在局部弯道河段建立了三维紊流水流模型,研究了相应数值计算方法,并对黄河上游特定河段的水流运动、泥沙运移及河床变形进行了较为系统的研究。

本书适用于高等院校和科研单位的研究生、工程技术人员和研究人员,可作为计算数学和水利水电工程有关专业人员的参考用书。

图书在版编目(CIP)数据

黄河上游连续弯道水流运动及泥沙运移数值模拟研究/景何仿,李春光著.—郑州:黄河水利出版社,2012.8

ISBN 978-7-5509-0333-3

Ⅰ.①黄… Ⅱ.①景… ②李… Ⅲ.①黄河-上游-河流动力学-数值模拟-研究②黄河-上游-泥沙运动-数值模拟-研究 Ⅳ.①TV143②TV142

中国版本图书馆 CIP 数据核字(2012)第 192800 号

组稿编辑:王路平 电话:0371-66022212 E-mail:hhslwlp@163.com

出 版 社:黄河水利出版社

地址:河南省郑州市顺河路黄委会综合楼 14 层 邮政编码:450003

发行单位:黄河水利出版社

发行部电话:0371-66026940、66020550、66028024、66022620(传真)

E-mail:hhslcbs@126.com

承印单位:黄河水利委员会印刷厂

开本:787 mm×1 092 mm 1/16

印张:9

字数:210 千字 印数:1—1 000

版次:2012 年 8 月第 1 版 印次:2012 年 8 月第 1 次印刷

定价:35.00 元

前　言

黄河是中国的母亲河，孕育了伟大的中华文明，给中华民族带来了巨大的财富。特别是位于黄河上游的宁夏、内蒙古境内，黄河对流域内的重要性更是非同一般。由于宁夏、内蒙古境内大部分区域年降水量很小，其工农业用水及居民生活用水绝大部分直接或间接地来源于黄河。离开黄河，这些地区将成为不毛之地。然而，黄河具有典型的高含沙水流，含沙量为世界之最，具有含沙量高、水沙异源、水沙年际变化量大、年内分配不均等特点，长期以来又是一条闻名于世的灾难性河流。由于泥沙淤积，黄河河床抬高、河槽萎缩，部分河段甚至出现“二级悬河”，易于发生洪灾。

黄河上游含沙量较小，河床淤积没有中下游严重，发生洪灾的概率相对较小。因此，长期以来，关于黄河上游水流运动及泥沙运移规律的研究很难见到。但是，由于在黄河上游修建了较多的水利枢纽，如甘肃境内的刘家峡水利枢纽、宁夏境内的青铜峡水利枢纽和沙坡头水利枢纽等，改变了原有自然河流的来水、来沙条件，对该河段和下游河段的水流运动、泥沙运动及河床演变带来深刻影响。例如，由于早期运行方式不当等，目前青铜峡水库库容仅为建成时库容的5%。又如，沙坡头水库自2000年投入运行后，仅仅经过4年时间，库容减少量约占总库容的30%。因此，要科学管理和运行这些水利枢纽，必须对黄河上游的水流运动及泥沙运行规律进行深入细致的研究。

本书以位于宁夏境内的黄河大柳树—沙坡头河段为例，对黄河上游具有连续弯道的典型河段水流运动、泥沙运移及河床变形等规律进行了系统的数值模拟研究。该河段自黑山峡口拟建的大柳树水利枢纽坝址至沙坡头水利枢纽主坝，全长约13 km，由若干个不规则弯道组成连续弯道，地形较为复杂。首先，建立了适体坐标系下的平面二维紊流水流数学模型，对黄河上游典型弯道河段的水流运动进行了数值模拟。为了反映弯道环流的影响，对动量方程进行了修正，紊流模型采用修正的RNG $k-\varepsilon$ 模型。通过对所研究河段水流运动数值计算结果与实测结果的对比分析，表明该模型能够准确地计算具有复杂地形的天然河流弯道中的水流运动。其次，建立了适体坐标系下的平面二维全沙数学模型，分四种典型工况，对上述河段悬移质和推移质泥沙运移及其引起的河床变形分别进行了数值模拟。再次，建立了适体坐标系下三维可实现 $k-\varepsilon$ 紊流模型，对黄河上游沙坡头库区局部连续弯道的水流运动进行了三维数值模拟，得到了不同断面处垂线平均流速分布、断面流速分布、主流流速和二次流的数值模拟结果，对部分断面弯道环流及水面处离心环流进行了模拟和分析。最后，为了给数值模拟提供初边界条件并验证数值模拟结果，对所模拟河段典型断面处流速、河床高程、水位和悬移质泥沙粒径分布等进行了多次实测，并对实测结果进行了比较分析。

在研究过程中，不但在数学模型上针对所研究河段的特点作了一定的改进或修正，在数值模拟方法上也有所创新。首先，建立了一种自适应快速算法，可根据实测资料，自动调整各子河段曼宁系数的值，大大缩减了试算时间，并提高了模拟精度。其次，吸取了所建立的水沙模型中水流模块与泥沙模块的耦合式算法及分离式算法的优点，建立了一种半耦合算法。

在研究过程中，研究人员亲自去现场进行实测，取得了十分宝贵的第一手资料，并进行了分析整理，这为数值模拟研究提供了很好的素材。在数值模拟研究中，当一些参数计算中涉及诸多公式可供选择时，研究人员不是随手拈来一个公式来用，而是不厌其烦地比较各个公式的计算结果的合理性后，从中选出较为理想的一个。在研究泥沙运移及河床变形时，研究人员根据实测结果及往年水文资料划分了四个大工况，又根据含沙量不同将每个大工况分成四个小工况分别进行了数值模拟，非常费时费力。

本书的研究成果不仅具有重要的学术意义，而且具有广阔的工程应用前景。研究结果对建立黄河上游水库泥沙数学模型及研究相应的数值计算方法具有较大的参考价值，可以为有关水库管理部门科学、合理调度水利枢纽，减小库区泥沙淤积和延长水库使用寿命提供依据。

本书中一些研究内容的开展得到了以下基金项目资助：国家自然科学基金项目（项目批准号：10961002）、宁夏自然科学基金项目（项目批准号：NZ1057）。本书在出版过程中，还得到了北方民族大学图书出版专项基金、计算数学和应用数学重点学科基金和重点科研项目（项目批准号：2012XZK05）的资助。在对所研究河段资料进行现场实测中，除本书作者外，吕岁菊、周炳伟、杨录峰、杨程等也积极参与其中。在此一并表示诚挚的谢意！

由于黄河泥沙问题的复杂性，研究仍待进一步深入。另外，由于作者水平有限，书中难免会出现错漏，敬请读者批评指正。

作　者

2012 年 2 月

目 录

主要符号表

C	Chezy 系数
D_{50}	床沙中值粒径
E_m	混合活动层的厚度
L_ξ、L_η	拉梅系数(曲线网格的长与宽)
J	Jacobi 行列式
J_P	水力坡降
P_{SL}、P_{bL}	第 L 粒径组悬移质泥沙级配、床沙级配
P_{mL}、$P_{mL,0}$	混合活动层床沙级配及初始床沙级配
R	水力半径,浅水中可用水深 h 代替
R_η	等 η 线曲率半径
S	垂线平均含沙量
S_L	第 L 粒径组悬移质泥沙垂线平均含沙量
S^*	垂线平均水流挟沙力
S_L^*	第 L 粒径组悬移质泥沙的垂线平均水流挟沙力
S_v	体积含沙量($S_v = S/\rho_s$)
U、V	逆变流速分量
U_c、U'_c	泥沙的起动流速和止动流速
$\overline{U}$	垂线平均流速大小
Z_S、$Z_{S,L}$	悬移质泥沙引起的河床冲淤总厚度及其分粒径组冲淤厚度
Z_b、$Z_{b,L}$	推移质泥沙引起的河床冲淤总厚度及其分粒径组冲淤厚度
ΔZ_b	泥沙冲淤厚度
d、d_{50}、d_m	泥沙粒径、泥沙中值粒径、泥沙平均粒径
g	重力加速度
$g_{b,L}$、$g_{bx,L}$、$g_{by,L}$	第 L 粒径组推移质泥沙单宽输沙率、x 方向和 y 方向第 L 粒径组推移质泥沙单宽输沙率
n	曼宁系数
p_L^*、p_L	第 L 粒径组悬移质泥沙挟沙力级配、来沙级配
u、v	直角坐标速度分量
$\overline{u}$、$\overline{v}$	ξ、η 方向流速(协变流速分量)
z_b	河床高程
Φ	通用变量
Γ_Φ	通用控制方程扩散系数
ξ、η、ζ	曲线坐标分量

Z	水位
k、ε	紊动动能及其耗散率
ν、η	水流运动黏性系数及动力黏性系数（$\eta = \rho\nu$）
ν_t、η_t	水流紊动黏性系数及紊动动力黏性系数（$\eta_t = \rho\nu_t$）
α_L	第 L 粒径组悬移质泥沙恢复饱和系数
γ、γ_s、γ_s'	水的比重、泥沙比重、泥沙干比重
ε_x、ε_y	x、y 方向的泥沙紊动扩散系数
κ	卡门常数
ω_L、ω、ω_s、ω_0	第 L 粒径组泥沙沉速、泥沙沉速、群体泥沙沉速、清水中泥沙沉速
ρ、ρ_s、ρ'	水的密度、泥沙密度、泥沙干密度

第一章　绪　论

第一节　问题的提出

自有人类历史以来，河流早就和人们的生活融为一体。人类的生存离不开河流，但河流也会威胁着人类的生存。千百年来，人们在河流上修建了无数大堤、桥梁、拦水大坝、水库等水工建筑物，洪水得到控制，耕地得到灌溉。河流的高度开发利用带来了灌溉、供水、发电、防洪等巨大的经济效益，同时也出现了一系列问题。由于修建了水库等水工建筑物，天然河流原有的水沙条件有所改变，使得部分河段河床淤积，水位抬高，甚至成为“地上悬河”，一旦发生溃坝，将会给两岸人民的生命财产带来不可估量的损失。这种现象在像黄河这种多泥沙河流上尤为严重。

针对我国河流的特性，可将河流按含沙量大小划分为以下几种类型[1]：将平均含沙量大于5 kg/m^3 的河流称为高含沙河流（或多沙河流），如黄河、海河；将平均含沙量为1.5～5 kg/m^3 的河流称为大含沙河流（或次多沙河流），如辽河、汉江；将平均含沙量为0.4～1.5 kg/m^3 的河流称为中度含沙河流（或中沙河流），如长江、松花江。

黄河是仅次于长江的中国第二大河，发源于青海省巴颜喀拉山北麓，流经青海、四川、甘肃、宁夏、内蒙古、陕西、山西、河南、山东等省（自治区），在山东省垦利县注入渤海，流程5 464 km，总流域面积达79.5万 km^2。黄河输沙量为世界之最，是典型的高含沙河流。黄河具有含沙量高、水沙异源、水沙年际变化量大、年内分布不均等特点。从河源到内蒙古的河口镇为上游，河口镇到郑州附近的桃花峪为中游，桃花峪以下为下游，97%的流域面积集中在上中游地区。

黄河上修建了为数众多的大中小型水利枢纽，其中大型水利枢纽有三门峡水利枢纽、三盛公水利枢纽、青铜峡水利枢纽、刘家峡水电站、盐锅峡水利枢纽、龙羊峡水电站、小浪底水利枢纽等。中小型水利枢纽有直岗拉卡水电站、沙坡头水利枢纽等，沙坡头水利枢纽位于黄河上游，坐落在宁夏回族自治区中卫市境内，是一个以灌溉、发电为主的综合水利、水电工程。库区自黑山峡口拟建的大柳树水利枢纽坝址至沙坡头水利枢纽主坝坝轴线，长约13.4 km，为由5个弯道组成的连续弯道，以下称为大柳树—沙坡头河段。河道由窄渐宽，其中左岸为较松软的河滩，而右岸为较坚硬的岩石和丘陵。在该库区左岸上方是跨经腾格里沙漠边缘的包—兰铁路线。铁路周围是著名的宁夏沙坡头旅游区和自然保护区。沙坡头水利枢纽的修建，改原来的无坝引水为有坝引水，改善了沙坡头灌区的供水水源，为灌区节水灌溉和分引黄河水创造了条件。随着灌区的建设，中卫及周边地区成为腾格里沙漠南侵的天然屏障，生态环境得以改善。因此，该工程是一个有着重要的社会、经济价值的综合工程。

然而,由于水利枢纽的修建,改变了天然水沙过程,库内不可避免地会发生淤积。水库淤积可引起以下几个方面问题[2]:

(1)由于淤积使兴利库容和防洪库容不断损失,导致水库综合效益降低。

(2)淤积上延引起淹没与浸没。由于泥沙淤积的结果,加大了水库的坡降,使库内水位不断抬高,回水区和再淤积范围不断向上游延伸,出现水库"翘尾巴"现象,导致库内水位普遍抬高,从而引起对沿岸城市、农田的淹没或浸没。

(3)变动回水区冲淤往往会不利于航运。

(4)坝前泥沙淤积会增加停机抢修和降低出力。

(5)坝下游河床变形会导致出现险工并影响航运。

(6)水库淤积既可能加强水库的自净能力,也可能加重水库的污染。

同样,黄河宁夏沙坡头水利枢纽的建成和运行,改变了原有自然河流的状况,如河床情况、来水来沙条件等,对该河段和下游青铜峡库区的水流运动、泥沙运移及未来的河床演变带来深刻影响。如何科学合理地管理和运行,不仅是该水利枢纽,也是黄河上所有水利工程所共同面临的重要问题。沙坡头水库投入运行后,2004 年 11 月,黄河水利委员会宁蒙水文局对该库区进行了首次"汛后淤积测验"。测验表明:"库容在正常蓄水位 1 240.5 m以下为 1 818 万 m^3,与 2000 年原始资料相比,库容减少 765 万 m^3。"[3]减少量约占总库容的30% 。因此,对黄河大柳树—沙坡头河段的水沙运行规律进行深入细致的研究,是科学管理、运行该水利枢纽的当务之急。

第二节 国内外研究现状

一、概述

目前对水流及泥沙运动规律的研究,一般可分为原型观测(Field Measurement)、理论分析(Theoretical Analysis)、物理模型试验(Physical Model Experiment)和数学模型(Numerical Modeling)等几种基本方法。

原型观测又称为现场实测,是利用一些专门仪器,赴河流现场对水文及水力的一些要素如流量、水深、河床高程、流速、河宽、泥沙含量、泥沙粒径级配等进行定时、定点测量的一种方法。它为理论分析、物理模型和数学模型提供必要的数据,是人们对水流及泥沙运动规律认识的基础和来源。它不存在物理模型试验中比尺的选择问题,也不存在数学模型中有关参数选取是否恰当的问题。在长江、黄河等大江大河上设有为数众多的水文站,对一些水力要素进行长期、持续的观测。在沙坡头水库水沙运移规律的研究中,研究小组成员也多次赶赴现场进行实测,取得了第一手珍贵的资料。但原型观测方法常受制于外部环境和人力物力,耗时长、观测点少且不易进行。

理论分析方法是根据水沙运移的力学关系,应用基本力学原理,建立水沙运移各要素之间的数学力学关系。理论分析方法是流体力学中的一个重要的研究手段之一,它揭示的是水沙运移的普遍规律,比在一定条件下进行的物理模拟和数值模拟所得到的局部近似值要全面深刻得多。然而,理论分析往往受限于数学工具,只有少数特定条件下的问题，可根据求解问题的特性对方程及边界条件作相应简化，得到解析解。大部分实际水利工程问题，一般需要借助原型观测、物理模型试验或数值模拟研究。关于河流水沙运移的理论分析方面，已有不少专著，如张瑞瑾主编的《河流动力学》[4]、沙玉清的《泥沙动力学》[5]、钱宁和万兆惠的《泥沙运动力学》[6]、张瑞瑾和谢鉴衡等的《河流泥沙动力学》[7]、窦国仁的《泥沙运动理论》[8]、韩其为的《水库淤积》[2]、Yalin 的《Mechanics of sediment transport》[9]等。

水利工程中的物理模型试验即水工模型试验，是在按比尺缩小的模型中预演或复演原型相似的水流，进行泄水建筑物中各种水力学问题的研究。水工模型试验必须遵守模型水流和原型水流在空间上和时间上相似所必需的原理，即水力相似原理。物理模型较为直观，如果模型比较准确，测量工具精度较高，相似比尺较为合理，其模拟结果可信度较高，容易为工程部门所接受。但是，水工模型试验一般周期较长，投资较大，受场地限制。另外，由于受比尺效应和观测仪器的影响，其模拟结果往往与实际有较大出入。

数值模拟方法是借助电子计算机，数值求解描述水流、泥沙运动的控制方程组（偏微分方程组），得到一些水力要素在空间和时间离散点上的值。数值模拟方法具有原型观测和水工模型试验无法比拟的优点，如不受时空限制、模型使用的重复率高，提供信息的完整性和系统性，可以节约大量的人力、物力、财力和时间支出。20 世纪 70 年代以来，随着电子计算机性能的不断提高，数值模拟方法逐渐成为研究河流水沙运移的主要方法之一，并扮演着越来越重要的角色。这方面的专著有可参考文献[10]～[14]。

水利工程中的数值模拟过程需要用一定的数值计算方法求解相应的水流泥沙数学模型。该数学模型由一系列偏微分方程组成，可分为两个子模块：一个是描述水流运动的水流模块，另一个是描述泥沙运移的泥沙模块。水流模块由连续性方程、动量方程等组成；泥沙模块由泥沙连续性方程、河床变形方程等组成。数值计算方法从对控制方程的不同离散方法分类，可分为有限差分法、有限元法、有限体积法等[15]。

二、紊流数学模型的研究进展

1885 年，雷诺（Reynolds）曾用试验揭示了实际液体运动存在的两种状态，即层流（Laminar Flow）和紊流（Turbulent Flow）[16]。当流速较小时，各流层的液体质点是有条不紊地流动，互不掺混，这种形态就是层流；而当流速较大时，各流层的液体质点形成涡体，在流动过程中，互相掺混，这种流动状态就是紊流。紊流是一种高度复杂的非稳态三维流动，在流动过程中流体的各种物理参数如速度、压力等随时间的变化而发生随机的变化，称为脉动。

对明渠流来说，当雷诺数小于 500 时，流动状态一般为层流；而当雷诺数大于 500 时，流动状态一般为紊流。研究层流和紊流运动规律的数学模型，分别称为层流模型和紊流模型[17]。天然河流中的水流运动，除了在非常靠近固壁边界的极小部分区域，雷诺数较小，流动为层流，称为边界层[17]，其他区域水流雷诺数一般较大，是紊流流动。因此，对天然河流的数值模拟，应该选用紊流模型。

目前，紊流的数值模拟方法可分为直接模拟方法和非直接模拟方法[18]。所谓直接模拟方法，是指直接求解瞬时紊流控制方程，而非直接模拟方法，就是不直接计算紊流的脉动特性，而是设法对紊流作某种程度的近似和简化处理。依赖近似和简化的方法不同，非直接模拟方法又分为大涡模拟、统计平均法和 Reynolds 平均法。统计平均法是基于紊流相关函数的统计理论，主要用相关函数和谱分析的方法来研究紊流结构，统计理论主要涉及小尺度涡的运动。这种方法在工程上应用不很广泛，现就其他各种方法作简要介绍。

直接数值模拟方法（Direct Numerical Simulation，简称 DNS 方法），是直接用瞬时的 Navier-Stokes 方程（简称 N-S 方程）对紊流进行计算。直接数值模拟方法的优点是无需对紊流作简化或近似处理，理论上可以得到比较准确的计算结果。然而，试验结果表明[19]，在 0.1 m×0.1 m 的高 Reynolds 数的紊流流动区域中，包含 10～100 μm 的涡，紊流脉动的频率为 10 kHz 左右。要分辨出紊流中详细的空间结构及物理量随机变化特性，计算网格节点数高达 $1\times10^9\sim1\times10^{12}$，时间步长取为 1×10^{-7} s 以下。直接数值模拟方法对计算机的内存及计算速度等要求非常高，目前只用于求解低 Reynolds 数和理想边界条件下的紊流，在工程计算中尚不实用。然而，由于电子计算机的飞速发展，近年来 DNS 日益受到重视，并将成为未来紊流数值模拟的发展方向。Morinishi、Tamano 和 Nakabayashi[20] 用 DNS 方法对位于绝热和等温壁面间的可压缩流体进行了直接数值模拟；Wang 等[21] 利用 DNS 方法研究了具有微凹表面的水槽中紊流流动情况；Ikeda 和 Durbin[22] 对一边用肋条加糙的固壁而另一边光滑的水槽中的紊流现象进行了直接数值模拟；Liu 和 Lu[23] 运用 DNS 方法对顺翼展方向旋转紊流及热传导现象进行了直接数值模拟；Shmitt[24] 运用 DNS 方法对低 Reynolds 数边界层流动、明渠流动现象进行了直接数值模拟。

为了模拟紊流流动，要求计算区域的尺寸不仅要包含紊流中最大涡，而且小到足以分辨最小涡的运动。由于紊流的脉动和混合主要是由大尺度的涡造成的，因此可以用瞬时的 Navier-Stokes 方程直接模拟紊流中大尺度涡，不直接模拟小尺度涡，小尺度涡对大尺度涡的影响通过建立模型来模拟，这就是大涡模拟法（Large Eddy Simulation，简称 LES）。LES 对计算机的内存及计算速度要求仍较高，但大大低于 DNS 方法，目前在一般高档 PC 机和工作站上已经可以开展 LES 工作。Su and Li [25] 运用 LES 对有植被床面的明渠水流的水力特性进行了数值模拟研究；Camarri 等 [26] 在粗网格非结构网格下对棱柱扰流进行了大涡数值模拟；Breuer 等[27] 运用 LES 等模型对大迎角平板扰流中的分离流的数值模拟结果进行了比较；Keylock 等[28] 讨论了 LES 在具有泥沙冲淤特性的天然河流中的应用前景。Wang 和 Milane[29] 用 LES 对混合层流动现象进行了数值模拟。

Reynolds 平均数值模拟方法（Reynolds Averaged Numerical Simulation，简称 RANS 方法）是目前使用最为广泛的紊流数值模拟方法。RANS 方法不直接求解瞬时的 Navier-Stokes 方程，而是将非恒定的 Navier-Stokes 方程对时间平均，得到一组以时均物理量和脉动量乘积的时均值等为未知量的新的不封闭方程组。流速脉动量的乘积平均值乘以流体密度取相反数，称为 Reynolds 应力，用 R_{ij} 来表示，即 $R_{ij}=-\rho\,\overline{u_i'u_j'}$。然后通过添加另外的方程来描述 Reynolds 应力，与时均 Navier-Stokes 方程组成闭合的方程组来描述紊流流动。

根据对 Reynolds 应力的处理方式不同，可将紊流模型分为两大类：Reynolds 应力模型和涡黏模型。

Reynolds 应力模型通过直接构建表示 Reynolds 应力的方程，然后联立求解时均

Navier-Stokes 方程和新建立的 Reynolds 应力方程。若 Reynolds 应力方程是微分形式的，这时模型称为 Reynolds 应力方程模型(Reynolds Stress Equation Model，简称为 RSM)。在三维情形 Reynolds 应力有 6 个，其中与坐标轴方向平行的正应力有 3 个(R_{xx},R_{yy},R_{zz})，与坐标轴垂直的平面内的切应力也有三个(R_{xy},R_{xz},R_{yz})。这样需要至少增加 6 个偏微分方程才能使模型封闭。包括时均 Navier-Stokes 方程在内，三维情形下仅描述水流运动的 RSM 模型中偏微分方程数目高达 11 个。因此，RSM 模型是 Reynolds 时均模型中最为复杂的紊流模型之一，虽然计算量较大，对计算机的要求较高，但由于其直接求解关于 Reynolds 应力的偏微分方程而得到 Reynolds 应力，计算结果精确度较高，近年来受到了广泛重视。张雅、刘淑艳和王保国[30]对叶轮机械内三维流场应用 RSM 进行了数值模拟；Kang 和 Choi [31]运用 RSM 对顺直水槽中紊流结构进行了三维数值模拟研究；Worth 和 Yang[32]运用 RSM 对横向流动中的冲击射流进行了数值模拟；Sijercic 等[33]用 RSM 对两相流中的自由射流进行了数值模拟研究；Jing H、Li C、Guo Y 等[34,35]等使用 RSM 对具有天然河床和梯形断面的明渠水流中的紊流结构分别进行了三维数值模拟。

代数应力模型(Algebraic Stress Model，简称 ASM)将 Reynolds 应力方程简化为代数方程，从而达到既能对 Reynolds 应力直接求解，又可节约计算工作量的目的。因此，ASM 是对紊流进行数值模拟的比较经济合理的数学模型之一，近年来发展较快。许唯临等[36]对含污染物的弯道水流运用 ASM 进行了数值模拟研究；Sugiyama 等[37]运用 ASM 对复合弯曲明渠水流运动进行了数值模拟研究。但也有文献指出[38]，ASM 对一些复杂流动的数值模拟结果并不理想。

涡黏模型中，不直接处理 Reynolds 应力项，而是引入紊动黏性系数(Turbulent Viscosity)，把 Reynolds 应力表示成紊动黏性系数的函数，整个计算的关键在于确定这种紊动黏度。依据确定紊动黏性系数的微分方程的数目多少，涡黏模型又分为以下几种模型。

(1)零方程模型。

零方程模型是指不需要求解微分方程而用代数关系式把紊动黏性系数与时均值联系起来的模型。比较常见的零方程模型有常系数模型和 Prandtl 混合长度理论[19]。

常系数模型是最简单的紊流模型，虽然这种方法比较粗糙，但在大水体流动问题的计算中，运动方程中的紊动黏性项并不十分重要，常系数模型仍在工程领域得到广泛应用[39,40]。但要精密地研究水流紊动的性质，常系数模型往往是无法做到的。

Prandtl 混合长度理论假定紊动黏性系数与时均速度的梯度及“混合长度”成正比。在二维问题中，紊动黏性系数可如下计算[19]：

$$\eta_t = \rho l_m^2 \left| \frac{\partial u}{\partial y} \right| \tag{1-1}$$

式中：ρ 为流体密度；u 为主流时均流速；y 为与主流方向垂直的坐标；l_m 为混合长度，是这种模型中需要加以确定的参数。

混合长度理论的优点是简单直观，对于诸如射流、混合层、边界层带有薄的剪切层的流动比较有效，并已经被推广到三维情形[41-45]，如 Patankar 等[46]曾用混合长度理论计算了带纵向内肋片的平直圆管内的充分发展紊流换热，获得了较好的模拟结果。然而，只有在比较简单的流动中才容易给出混合长度，对复杂流动如带有分离及回流的流动中很难确定混合长度，这就限制了它在实际工程中的应用。

(2)一方程模型。

在混合长度理论中，紊动黏性系数仅与几何位置及时均速度场有关，而与紊流的特性参数如紊流脉动动能无关。混合长度理论应用的局限性说明紊动黏性系数应与紊流本身的特性量如脉动的特性速度和脉动的特性长度有关。紊流脉动动能的平方根即$\sqrt{k}$，可以看成是紊流脉动速度的代表。Prandtl 及 Klmogorov[19]从上述考虑出发，提出了计算 η_t 的计算公式：

$$\eta_t = C'_{\mu}\rho k^{\frac{1}{2}} l \tag{1-2}$$

式中：C'_{μ}为经验系数；l 为紊流脉动的长度标尺，与混合长度 l_m 有所不同。

采用式(1-2)确定 η_t 时，关键在于确定流场中各点的脉动动能 k 及紊流长度标尺 l。

一方程模型中，确定 l 的常用方法类似于混合长度理论中 l_m 的确定方法，可根据具体问题得到与试验结果吻合的表达式，是一个经验参数。确定 k 的方法常用以下偏微分方程[19]：

$$\rho \frac{\partial k}{\partial t} + \rho u_j \frac{\partial k}{\partial x_j} = \frac{\partial}{\partial x_j}\left[\left(\eta + \frac{\eta_t}{\sigma_k}\right)\frac{\partial k}{\partial x_j}\right] + \eta_t \frac{\partial u_i}{\partial x_j}\left(\frac{\partial u_j}{\partial x_i} + \frac{\partial u_i}{\partial x_j}\right) - C_D \rho \frac{k^{\frac{3}{2}}}{l} \tag{1-3}$$

式中：σ_k 为脉动动能的 Prandtl 数，其值在 1.0 左右；C_D 为经验常数，在不同的文献中取值相差较大。

应用一方程模型来求解紊流流动可参见文献[47]～[48]。

在一方程模型中，紊动黏性系数与表征紊流流动特性的脉动动能联系起来了，这方面优于混合长度理论。然而，在这一模型中仍要用经验方法规定长度标尺的计算公式，对不同的具体问题，这一经验公式往往不同，模型的通用性较差。实际上，关于长度标尺应该也有一个偏微分方程来描述，这就导致了两方程模型。

(3)两方程模型。

目前，已有较多两方程模型，但使用最广泛，也最为成熟的两方程模型是 $k-\varepsilon$ 模型。在 $k-\varepsilon$ 模型中，脉动动能 k 的方程仍为式(1-3)，其中最后一项为紊动耗散项，可定义为

$$\varepsilon = v\overline{\left(\frac{\partial u'_i}{\partial x_k}\frac{\partial u'_i}{\partial x_k}\right)} = C_D \frac{k^{\frac{3}{2}}}{l} \tag{1-4}$$

从 N-S 方程可以推导出关于紊动耗散率 ε 的方程：

$$\rho \frac{\partial \varepsilon}{\partial t} + \rho u_k \frac{\partial \varepsilon}{\partial x_k} = \frac{\partial}{\partial x_k}\left[\left(\eta + \frac{\eta_t}{\sigma_\varepsilon}\right)\frac{\partial \varepsilon}{\partial x_k}\right] + \frac{C_1 \varepsilon}{k}\eta_t \frac{\partial u_i}{\partial x_j}\left(\frac{\partial u_j}{\partial x_i} + \frac{\partial u_i}{\partial x_j}\right) - C_2 \rho \frac{\varepsilon^2}{k} \tag{1-5}$$

式中：C_1、C_2、σ_ε 为经验系数。

于是 k 方程可改写为

$$\rho \frac{\partial k}{\partial t} + \rho u_j \frac{\partial k}{\partial x_j} = \frac{\partial}{\partial x_j}\left[\left(\eta + \frac{\eta_t}{\sigma_k}\right)\frac{\partial k}{\partial x_j}\right] + \eta_t \frac{\partial u_i}{\partial x_j}\left(\frac{\partial u_j}{\partial x_i} + \frac{\partial u_i}{\partial x_j}\right) - \rho\varepsilon \tag{1-6}$$

计算紊动黏性系数的式(1-2)可改写为

$$\eta_t = C'_{\mu}\rho k^{\frac{1}{2}} l = \frac{(C'_{\mu}C_D)\rho k^2}{C_D k^{\frac{3}{2}}/l} = C_{\mu}\rho k^2/\varepsilon \tag{1-7}$$

式中：$C_\mu = C'_\mu C_D$。

计算出紊动黏性系数后，Reynolds 应力可以通过如下公式计算：

$$R_{ij} = -\rho\, \overline{u'_i u'_j} = -\frac{2}{3}\rho k \delta_{ij} + \eta_t \left(\frac{\partial u_i}{\partial x_j} + \frac{\partial u_j}{\partial x_i} \right) \tag{1-8}$$

时均 Navier-Stokes 方程（包括时均动量方程和连续性方程）、k 方程式（1-6）及 ε 方程式（1-5）一起构成了 $k-\varepsilon$ 紊流模型。模型中三个系数 C_1、C_2、C_μ 及两个常数 σ_k、σ_ε 的取值根据 Launder 和 Spalding 建议[49]，如表 1-1 所示。

表 1-1　$k-\varepsilon$ 紊流模型中系数的取值

C_μ	C_1	C_2	σ_k	σ_ε
0.09	1.44	1.92	1.0	1.3

以上系数的取值在工程界得到广泛认可，并成为 $k-\varepsilon$ 紊流模型中经验常数的标准取值。标准 $k-\varepsilon$ 模型在科学研究及工程实际中得到了最为广泛的检验和成功应用[50,51]。$k-\varepsilon$ 紊流模型通用性比零方程模型和一方程模型要好得多。采用同样的模型参数，对许多种类的流动现象诸如自由剪切层、边界层、明渠和管道流动，该模型比零方程模型和一方程模型的结果往往更加准确。另外，该模型中新增加的 k 方程和 ε 方程与动量方程一起可以写成统一的对流扩散方程的形式，控制方程的离散及求解方法可以得到统一，为编写大型通用计算程序提供了条件。因此，$k-\varepsilon$ 紊流模型直到现在仍为工程界应用最为广泛的模型之一[52,53]。

然而，在标准 $k-\varepsilon$ 模型中，对于 Reynolds 应力的各个分量，假定紊动黏性系数是各向同性的标量。而在强旋流、弯曲壁面流动或弯曲流线流动等复杂流动现象中，紊流是各向异性的，紊动动力黏性系数应该也是各向异性的张量。这样，在使用标准 $k-\varepsilon$ 模型对这些流动现象进行模拟时，会产生一定的失真[54]。针对这种现象，在近 30 多年来，以 $k-\varepsilon$ 模型为基架，提出了多种改进方案，主要有非线性 $k-\varepsilon$ 模型、重整化群 $k-\varepsilon$ 模型、可实现 $k-\varepsilon$ 模型、多尺度 $k-\varepsilon$ 模型等。

非线性 $k-\varepsilon$ 模型（Non-Linear $k-\varepsilon$ Model），又称为各向异性 $k-\varepsilon$ 模型（Anisotropic $k-\varepsilon$ Model），是对 Boussinesq 提出的紊流应力的本构关系式（1-8）进行修正，在线性项的基础上增加了速度梯度乘积的非线性项，因而能够考虑紊流流场中同一地点上的紊流脉动所造成的附加扩散作用的各向异性的特点。Acharya 和 Dutta[55] 应用非线性 $k-\varepsilon$ 模型计算了具有横向内肋片的平面通道中的紊流换热，发现 Reynolds 应力的值比标准 $k-\varepsilon$ 模型的结果更符合实测值。Torri 和 Yang[56] 提出了能考虑紊流热扩散率各向异性的 $k-\varepsilon$ 模型，并对平面通道内均热流及均匀壁温边界条件下充分发展对流换热情形获得了与实测数据较为吻合的数值模拟结果。Sofialidis 和 Prinos[57] 应用非线性 $k-\varepsilon$ 模型对复合弯曲明渠水流运动进行了数值模拟，大部分物理量与实测结果较为一致，但也有部分紊流特性参数模拟结果与实际有一定出入。

重整化群 $k-\varepsilon$ 模型（Renormalization Group $k-\varepsilon$ Model，简称 RNG $k-\varepsilon$ 模型）由 Yakhot 和 Orzag[58] 提出，对标准 $k-\varepsilon$ 模型作了部分改进。在 RNG $k-\varepsilon$ 模型中，通过在大

尺度运动和修正后的黏度项体现小尺度涡的影响，而使这些小尺度运动有系统地从控制方程中去除。与标准的 $k-\varepsilon$ 模型相比，RNG $k-\varepsilon$ 模型通过修改紊动黏度，考虑了平均流动中的旋转及旋流流动情况；在 ε 方程中增加了一项，从而反映了主流的时均应变率。Speziale 和 Thangam[59] 用 RNG $k-\varepsilon$ 模型对分离流进行了数值模拟。用 RNG $k-\varepsilon$ 模型对紊流进行数值模拟的文献近年来比较多，如文献[60]~[62]。

RNG $k-\varepsilon$ 模型可以更好地处理高应变率及流线弯曲程度较大的流动。RNG $k-\varepsilon$ 模型是高 Reynolds 数模型，在近壁区的流动及 Reynolds 数较低的流动中不能适用。

文献[63]指出，标准 $k-\varepsilon$ 模型对时均应变率特别大的情形，有可能会导致负的正应力。为使流动符合紊流的物理规律，需要对正应力进行某种约束。要实现这种约束，一种途径是使紊动黏度计算式中的 C_μ 不再是常数，而和应变率联系起来，从而提出了可实现 $k-\varepsilon$ 模型（Realizable $k-\varepsilon$ Model），又称为带旋流修正的 $k-\varepsilon$ 模型。

与标准 $k-\varepsilon$ 模型相比，可实现 $k-\varepsilon$ 模型的主要变化是[64]：紊动黏度的计算公式引入了与旋转和曲率有关的内容；ε 方程中不再包含 k 方程的产生项，可以更好地表示光谱的能量转换；ε 方程不再具有奇异性，即使 k 很小或等于零，方程源项中的分母也不会为零。目前，可实现 $k-\varepsilon$ 模型已经被广泛地应用于旋转均匀剪切流、包含有射流和混合流的自由流动、管道内流动、边界层流动、分离流等[65,66]。

前面讨论的紊流模型都假定紊流运动只用单个时间尺度和单个长度尺度。但是，紊流的脉动包含了很宽的涡旋尺度范围及时间尺度范围。单尺度模型对诸如圆形射流、尾迹流、升浮力流动及有分离的流动，往往得不到满意的结果。因此，反映紊流迁移过程的多尺度模型（Multiscale Model of Turbulence）便应运而生[67]。比较常用的是两方程模型，是将紊流中的涡旋分为两大类，即尺度较大的载能涡和尺度较小的耗能涡，前者从主流中获取能量（产生脉动动能），而后者则耗散脉动动能，这样紊流脉动动能的谱可以分为产生区和转换区。大尺度和小尺度的涡的脉动动能及其耗散率分别用不同的控制方程来描述。目前，多尺度 $k-\varepsilon$ 模型已被用于计算贴壁射流、尾迹与边界层流间的相互作用、外掠后台阶及矩形肋片的扰流，都获得了与试验数据较为一致的结果[68,69]。

除了 $k-\varepsilon$ 模型，两方程模型中比较常用的还有 SST $k-\omega$ 模型[70]。SST $k-\omega$ 模型能够预测自由剪切流传播速率，像尾流、混合流动、平板绕流、圆柱绕流和放射状喷射，可以应用于墙壁束缚流动和自由剪切等流动现象的数值模拟。SST $k-\omega$ 模型对标准 $k-\omega$ 模型作了一定改进，比标准 $k-\omega$ 模型在广泛的流动领域中有更高的精度和可信度。近年来，标准 $k-\omega$ 模型和 SST $k-\omega$ 模型已用于冲击射流、微尺度流场、翼型动态失速等现象的研究，并取得了一定的研究成果[70-72]。

三、水流数学模型的研究进展

由于天然河流上普遍存在弯道，因此对弯道水沙运移、河床变形、河岸冲刷和水质的研究，在河流治理、港口兴建、引水防沙、护岸工程、渠道设计以及改善河道航运等许多领域中占有重要的位置，并受到广泛重视。随着计算机的飞速发展，建立数学模型来模拟弯道水沙运移及河床演变成为研究弯道水流运动、泥沙运移、水温和水质变化规律的一种重要手段，近年来发展很快。而水流数学模型是泥沙、水温和水质等数学模型的基础，要准确地模拟泥沙运移、河床变形及水温和水质等变化,必须先对水流运动进行准确模拟。

水流数学模型按空间维数分类,可分为一维(One Dimension,简称1D)、二维(Two Dimension,简称2D)和三维(Three Dimension,简称3D)水流数学模型。按是否随时间变化而变化分类,又可分为恒定流(Steady Flow)数学模型和非恒定流(Unsteady Flow)数学模型。其中,非恒定流数学模型中含有时间导数项,而恒定流数学模型中则不含时间导数项。恒定流模型可以看成是非恒定流随时间充分发展得到的稳态情形。

一维水流数学模型又分为纵向一维水流数学模型和垂向一维水流数学模型。纵向一维水流数学模型较为简单,计算量较小,也发展得相对比较成熟,目前主要用于计算河流中洪水波的演进、水电站引排水管道、灌溉渠道因流量变化而引起的流动、船闸的冲水放水过程、堤坝溃决时产生的洪水、暴雨期间城市给排水系统的流动及河口地区的潮汐流动等水力现象的水力要素随时间的变化情况[73-76]。然而,纵向一维水流数学模型只能反映水力要素沿河长方向的变化,无法准确预测水力要素沿河宽及垂向的变化。垂向一维水流数学模型往往和泥沙、水质等数学模型结合在一起运用,目前主要用于水库水温和水质数值模拟、土壤盐分运移等领域[77-79]。同样,垂向一维水流数学模型只能反映水力要素沿垂向的分布,其他两个方向的分布无法反映。这就限制了一维水流数学模型在许多领域中的应用。

目前,基于水深平均的平面二维水流模型在工程上应用较多。李义天、谢鉴衡[80]利用所建立的平面二维浅水模型,对断面不规则的天然河弯水流的流场进行了数值模拟;Li-ren 和 Jun[81]利用平面二维水流模型,对一个水电站冷却池中的水流运动及水温分布进行了数值模拟研究;黄新丽、周晓阳、程攀[82]提出了曲线坐标系下的 BGK Boltzmann 方程,对弯道水流进行了平面二维数值模拟。

然而,由于上述数学模型未考虑弯道环流的影响,对于宽深比较小、曲率半径较小及复式断面的弯道,误差较大。为考虑弯道环流的影响,Lien 等[83]在平面二维数学模型中增加弯道环流的影响项,对弯道水流进行了数值模拟。但这种方法只适合于比较规则的弯道,对较为复杂的弯道,它计算的弯道二次流分布可能与实际相差较大。Jin 和 Kennedy[84]采用"动量矩"的方法,对弯道水流进行数值模拟。这种方法以铅垂坐标为权函数,对平面二维运动方程沿水深积分,增加两个"动量矩"方程,从而使水流运动方程组由原来的3个增加到5个。其缺点是增加的计算工作量较大,而且增加的两个方程物理意义不清晰。方春明[85]提出了平面二维与弯道断面立面二维相结合的方法,给出了考虑弯道环流影响的平面二维水沙数学模型,增加的计算量不大,物理意义明确。刘玉玲和刘哲[86]考虑到弯道环流引起的横向动量交换,对曲线坐标系下平面二维浅水模型进行了修正,并对矩形断面连续弯道的水流运动进行了数值计算。

虽然如此,由于弯道水流具有明显的三维特性,尤其是强弯河段、具有复式断面的弯道及宽深比较小的弯道,具有较为复杂的流动现象,不但存在横向环流,往往还存在回流,即离心环流。采用上述平面二维数学模型,不论如何修正,其数值模拟结果往往与实际有一定的误差。随着计算机内存和计算速度的提高,采用三维数学模型将成为研究弯道水流运动的必然趋势。天然河道和实验室水槽水流大多为紊流流动,应采用三维紊流数学模型。关于三维紊流模型的应用方面的文献可参考文献[30]~[37]。

四、泥沙数学模型的研究进展

为了研究河流泥沙运移及河床变形,需要建立相应的泥沙数学模型。泥沙数学模型通常由两个模块组成,即水流运动模块和泥沙运移模块。其中,水流运动模块由连续性方程、水流运动方程和湍流封闭方程(如湍流动能方程和湍流动能耗散率方程)组成。泥沙运移模块由悬移质输沙方程、推移质输沙方程和床沙级配调整方程、河床变形方程(考虑河床的冲淤变化)和河岸冲刷模型(考虑河岸的冲刷)等组成。按模拟方程组的空间维数分类,泥沙数学模型又分为一维、二维和三维。

一维泥沙数学模型的研究成果相对比较多,也比较成熟。迄今为止,一维泥沙数学模型仍在河床演变数值模拟研究中发挥着重要作用。美国陆军工兵团开发的 HEC – 6 模型[87],可用来计算河道和水库的冲淤状况;韩其为[88,89]根据泥沙运动统计理论,建立了一维非均匀悬移质泥沙的不平衡输沙数学模型,并通过了多个长河段实测资料的验证;杨国录和吴卫民[90]开发的 SUSBED – 2 模型为一维恒定与非恒定输沙模式嵌套计算的非均匀沙模型,可用于计算长河段水库及河道内的水沙变化与河床变形;对黄河中下游河段来说,也有不少一维泥沙数学模型,如清华大学王士强模型、黄河水利科学研究院曲少军 – 张启卫模型、武汉水利电力大学卫直林模型等[91]。

但是,河流一维泥沙数学模型只能给出水力、泥沙要素沿河道方向的变化,不能反映其沿河宽的变化,其计算结果对河宽变化剧烈的河段及弯曲河段,可靠性较差。

由于大多数天然河流的水平尺度远大于垂直尺度,因此沿水深平均的平面二维泥沙数学模型是目前研究泥沙运移和河床变形使用较为广泛的数学模型。窦国仁、李义天、周建军等[92-95]曾提出不同的平面二维泥沙数学模型;陆永军和张华庆[96]建立了非均匀沙的平面二维全沙动床数学模型,并考虑了悬移质不饱和输移、非均匀沙推移质输移及床沙级配的调整;Nagata 等[97]建立了可应用于非黏性河岸的二维河床变形数学模型;黄远东、张红武等[98]引入符合黄河下游河道水沙特点的水流挟沙力和河床曼宁系数的计算公式,对黄河下游河床冲淤进行了平面二维数值模拟;Xia 等[99]建立了水流、泥沙耦合数学模型,对动床条件下溃坝流进行了平面二维数值模拟研究;Duan 和 Julien[100]建立了较为复杂的水沙数学模型,考虑了悬移质和推移质输移、河床冲淤及河岸冲刷等,对实验室弯道的河床演变进行了平面二维数值模拟研究。

虽然平面二维泥沙数学模型较一维泥沙数学模型有较大改观,不仅可以模拟河床沿水流方向的冲淤变化,也可以反映出河床沿河宽方向的变形。但是,由于河流在弯道段的水流运动和泥沙运移的三维特征十分明显,沿水深平均的平面二维泥沙数学模型无法对本质上是三维运动的水流运动、泥沙运移及河床变形进行精细模拟,因此随着计算机运算性能的提高,计算成本显著下降,建立三维泥沙数学模型是研究水流运动、泥沙运移和河床变形的发展方向。三维泥沙数学模型的研究始于 20 世纪 80 年代。Chen[101]对河口水沙运动进行了三维数值模拟研究;Prinos[102]采用三维 $k-\varepsilon$ 双方程泥沙模型,对复式断面明渠悬移质的输移进行了数值模拟;陆永军等[103]基于窦国仁紊流随机理论,建立了三维紊流悬沙模型,对三峡坝区建库前后水沙变化进行了数值模拟,Ruther 等[104]应用三维紊流泥沙数学模型对一个窄深弯道的泥沙运移进行了数值模拟;Bui 和 Rutschmann[105]利用所建立的三维紊流泥沙数学模型 FAST3D 对实验室弯道河床变形进行了数值模拟。

弯道在河床冲淤的过程中往往也伴随着河岸的淤积和冲刷。河岸的冲刷(蚀退)不仅会造成大量的岸边耕地毁坏和下游河道淤积,而且会影响到两岸的防洪、航运及岸边生态环境。河岸冲刷问题,尤其是冲刷机理和模拟方法研究,已经成为河床变形研究中的重点问题之一。Osman 和 Thorne[106]提出了黏性土河岸冲刷过程的力学模型。黄金池和万兆惠[107]通过引进土力学中有关河岸力学平衡的基本关系,提出了黄河下游河床横向变形的数值模拟方法;Darby 等[108]针对天然河流弯道,建立了二维河床纵向与横向变形的数学模型;夏军强和王光谦等[109]在分析不同类型土质河岸冲刷机理的基础上,改进了现有的三类土质河岸冲刷过程的力学模拟方法,并与平面二维水沙模型相结合,建立了河床纵向和横向变形的数学模型。

上述泥沙数学模型基本上都属于单相流模型,把水流和泥沙作为一个整体进行模拟,泥沙随着水流一起运动,其运动方向和速度大小与水流完全重合。实际上,这不符合实际水流运动、泥沙运移的现象。曾庆华[110]在实验室弯道内的观测结果表明,底流和底沙的运动轨迹不重合,底沙的运动轨迹较底流的运动轨迹平缓。因此,在弯道中,运用上述单相流模型得到的数值模拟结果必然与实际有一定差异。而运用固液两相流泥沙数学模型对弯道水流运动及河床变形进行数值模拟,将成为未来发展的趋势。在固液两相流模型中,针对水流和泥沙各自建立其运动控制方程及相应的边界条件,联立进行求解。沈永明和刘诚[111]应用三维 $k-\varepsilon-k_p$ 两相湍流模型,对实验室 120°弯道中的底沙运动及河床变形进行了数值模拟。

在水沙运移数值模拟方面已经有不少较为成熟的软件,如美国密西西比大学国家计算水科学与工程中心的 NCCHE 模型、丹麦水力学所的 MIKE 模型、荷兰 Delft 水力学所的 Delft3D 模型[112]。其中,NCCHE 模型包括水流模型、泥沙模型、地形分析模型等,MIKE 模型主要包括城市给排水网(MOUSE)和 MIKE1(一维模型)、MIKE2(二维模型)、MIKE3(三维模型)等,可以模拟水流、水质和泥沙,可以进行不同传质输运模拟、降雨径流预测、洪水实时预警、河床演变预报等,Delft3D 模型是整合的二维和三维模型系统,应用领域包括水动力学、波浪、泥沙输移、河床形态、水质等。

以上一些数学模型及模拟软件有不少已得到了广泛应用,已有一些模型应用于黄河下游水沙数值模拟,但限于对黄河水沙运移规律的认识水平,许多模型尤其是国外一些软件,其应用效果并不理想。

五、数值模拟方法的研究进展

(一)数值模拟方法

在水沙运移的数值模拟中,计算方法的选择至关重要,往往关系到计算的成败。根据微分方程的离散方式不同,数值模拟方法可分为有限差分法(Finite Difference Method,简称 FDM)、有限元法(Finite Element Method,简称 FEM)、有限体积法(Finite Volume Method,简称 FVM)、有限分析法(Finite Analytic Method,简称 FAM)和边界元法(Boundary Element Method,简称 BEM)等[113]。

FDM 是计算机数值模拟最早采用的方法,至今仍被广泛使用。该方法将微分方程中的各个微分项离散成微小矩形网格上各邻近节点的差商的形式，得到一个以各节点上函数值为未知变量的代数方程。FDM 形式简单，理论上相对比较成熟，应用上比较方便，对任意复杂的偏微分方程都可以写出相应的差分方程。然而，FDM 在方程离散时微分方程中的各项的物理意义及微分方程反映的物理定律在差分方程中没有体现，往往无法满足物理量的守恒性等要求，计算结果可能表现出某些不合理现象。另外，FDM 一般用来计算比较规则的区域，对不规则边界的适应性较差。

FEM 在流体力学中的应用始于 20 世纪 60 年代，该方法将求解域划分为若干互不重叠任意形状的单元(三角形、四边形等)，在每个单元上利用已经构建好的插值函数进行插值，然后利用加权的方法将微分方程离散，得到相应的代数方程组然后求解。FEM 的优点是可以较精确地模拟各种复杂的曲线或曲面边界，网格划分比较随意，可以统一处理多种边界条件，离散方程的形式较为规范，便于编制通用的计算程序。因此，FEM 在固体力学方程的数值计算中获得了巨大的成功。然而，在流体流动与传热等问题中应用 FEM 遇到了一些问题，其离散方程无法给出流动和传热问题的守恒性、强对流、不可压缩条件等方面要求的合理解释，对计算中出现的一些误差也难以改进。

FVM 的基本思想是将计算区域划分成不重复的微小控制体积，然后把需要求解的微分方程在每一个控制体积上积分一次，之后结合有限差分法离散积分后的方程式得到代数方程组。FVM 是在 FDM 的基础上发展起来的，同时又吸收了 FEM 的一些优点。该方法获得的离散方程，物理上表示的是控制容积的通量平衡，方程中各项有明确的物理意义。与 FEM 一样，FVM 可以统一处理各种复杂边界条件，网格划分比较随意，离散方程形式规范，便于编制通用计算程序。目前，FVM 在应用上取得了很大进展，国际上著名的计算流动与传热问题的商业软件(如 PHOENICS、FLUENT、FLOW3D、Delft3D 等)都是以有限体积法为基础发展起来的。

FAM 的基本思想是把求解区域划分为有限个矩形网格，每四个相邻网格组成一个单元，在局部单元内将微分方程线性化，在单元边界上为一近似函数，然后在局部单元内求解微分方程的解析解，从而建立单元中心和其周围八个节点之间的迭代关系。FAM 将解析解和离散方法结合起来，对求解大雷诺数下的各种流体力学问题非常有效，且计算存储量小、精度高、收敛性很好。但是，该方法要求网格划分为矩形单元，在单元内求出其近似解析解。对于河道复杂边界问题应用该方法计算十分复杂，工作量很大。

BEM 是 20 世纪 70 年代由英国南安普敦大学土木工程系首创的，其基本思想是：利用基本解将所研究问题的控制方程变换为求解区域边界上的积分方程，再将边界划分为有限个单元，对上述积分方程进行离散，得到单元结点上未知量的代数方程组，进而可利用已求得的边界上的参数值求得区域内点的参数值。BEM 是针对 FDM 和 FEM 占用计算机内存资源过多的缺点而发展起来的，其最大优点是降维，只在区域的边界进行离散就可得到整个流场的解。这样，将三维问题降为二维问题，二维问题降为一维问题，计算量大为减小，更适宜于大空间外部扰流，特别是非黏性流体的计算。但对较复杂的流动问题，如黏性 Navier-Stokes 方程，则对应的权函数算子基本解不一定能找到，这样 BEM 受到了很大限制。

(二)数值模拟方法存在的问题

以上各种方法各具特色,各有其优缺点。对具有复杂边界及地形的天然河道来说,利用 FVM 更为合适。然而,在用 FVM 对复杂河道水流运动、泥沙运移控制方程进行离散时,会出现以下几个问题。

1. 速度－压力耦合问题

不可压缩流体的控制方程 N-S 方程由连续性方程和动量方程组成,压力和速度是耦合在一起的。虽然压力梯度是引起流体流动的主要因素,但关于压力没有专门的方程来描述,而仅仅是动量方程源项的一部分。如何正确地求解流速和压力,成为整个计算的关键。

针对速度－压力耦合问题,目前典型的解决方案有以下几种。

1)涡量－流函数法(Vorticity-Streamfunction Method,简称 VS 算法)[19]

涡量－流函数法通过引入中间变量即涡量和流函数,将关于流速及压力的偏微分方程转化为关于流函数和涡量的方程,而流函数和涡量方程中不含压力项,可单独求解。求出流函数和涡量后,再来求关于压力的偏微分方程(即压力 Poisson 方程),即可得到压力值,然后根据流速与涡量、流函数的关系,即可求得各点流速值。

在二维问题中,涡量 ω 及流函数 ψ 的定义如下:

$$\frac{\partial\psi}{\partial y}=u,\quad \frac{\partial\psi}{\partial x}=-v,\quad \omega=\frac{\partial u}{\partial y}-\frac{\partial v}{\partial x}$$

这样定义后,不可压流体的连续性方程自动得到满足,即

$$\frac{\partial u}{\partial x}+\frac{\partial v}{\partial y}=0 \tag{1-9}$$

动量方程可以转化为

$$\frac{\partial(\rho u\omega)}{\partial x}+\frac{\partial(\rho v\omega)}{\partial y}=\frac{\partial}{\partial x}\left(\eta\frac{\partial\omega}{\partial x}\right)+\frac{\partial}{\partial y}\left(\eta\frac{\partial\omega}{\partial y}\right) \tag{1-10}$$

$$\frac{\partial^2\psi}{\partial x^2}+\frac{\partial^2\psi}{\partial y^2}=\omega \tag{1-11}$$

而关于压力可以推导出压力 Poisson 方程如下:

$$\frac{\partial^2 p}{\partial x^2}+\frac{\partial^2 p}{\partial y^2}=2\rho\left[\left(\frac{\partial^2\psi}{\partial x^2}\right)\left(\frac{\partial^2\psi}{\partial y^2}\right)-\left(\frac{\partial^2\psi}{\partial x\partial y}\right)^2\right] \tag{1-12}$$

涡量－流函数法通过引入流函数和涡量,成功地将压力分离出来,避免了压力与流速耦合求解的难题。因此,该方法在流体力学领域应用较为广泛。Aziz 与 Hellums[114] 将该方法从二维推广到三维上来; Kuehn 和 Goldstein[115] 利用该方法对水平环形空间中的自然对流换热问题进行了数值模拟;Atkins 等[116]采用涡量－流函数法计算了流经后台阶突扩通道的层流和紊流流动;Wong 和 Reizes[117] 对该方法作了改进;Guermond 和 Quartapelle[118] 证明了非稳态问题原始变量法和涡量－流函数法的等价性。

然而,涡量－流函数法不直接求解流场,在计算出涡量及流函数后还需返回原始变量,增加了额外计算量,尤其是三维空间更是如此。因此,对于复杂流动,尤其是非稳态流动的计算问题,还是以使用原始变量法为主。原始变量法又以交替方向隐格式法及压力修正算法为代表,下面分别予以介绍。

2）交替方向隐格式法（Alternative Direction Implicit Method，简称 ADI 方法）[119]

交替方向隐格式法是由 Peaceman、Douqlace 和 Rachford 等于 1955 年提出来的，后被 Leendertse 结合交错网格建立起来并被用于计算二维流场。该方法的特点是对微分方程离散时，将一个时间步分成两个半步长，在前半个时间步，以 x 方向的动量方程与连续性方程联立，对 x 方向流速 u 及水位 z 进行隐式求解，将求得的 u 和 z 代入 y 方向的动量方程中，对 v 进行显式求解；在后半个时间步长内，将 y 方向的动量方程与连续性方程联立，对 v 和 z 进行隐式求解，将求得的 v 和 z 的值代入 x 方向的动量方程中，对 u 进行显式求解。ADI 方法离散后代数方程组一般为三对角方程组，可使用追赶法求解。ADI 方法有较好的计算精度，且计算量较小，在河道水沙计算中应用较为广泛，这方面的应用可以参考文献[120]、[121]。

但是，ADI 方法仍然是一种显隐交替的求解方法，在计算过程中，时间步长受到稳定性的限制，若时间步长取得过大，容易导致迭代过程发散。因此，时间步长不宜过大，在长时段数值模拟中计算总体时间相对较长。

3）压力修正算法（Semi-Implicit Method for Pressure Linked Equations，简称 SIMPLE 算法）[19]

求解压力耦合方程的半隐式方法（即 SIMPLE 算法）是求解不可压缩流场的行之有效的方法，最初由 Patankar 和 Spalding 于 1972 年提出[122]，目前该算法及其改进的一些算法（统称 SIMPLE 系列算法）已被广泛地应用于计算流体力学领域，而且已被推广到可压缩流场的计算中。其基本思想是：对于给定的压力场，按次序求解速度分量 u、v 的代数方程，由此得到的速度 u、v 分别满足局部线性化的动量方程，但未必满足连续性方程，因此必须对给定的压力场加以修正；把由动量方程的离散形式所规定的压力和速度的关系代入连续性方程的离散形式，得出压力修正方程；再由压力修正方程得出的压力修正值去改进速度，以得出本迭代层次上满足连续方程的解；最后用修正后的新速度值改进动量离散方程的系数，以开始下一层次计算，直至获得收敛解。

SIMPLE 算法自从提出以来，获得巨大发展，目前已有一些改进算法，如 SIMPLER 算法（1980）、SIMPLEST 算法（1981）、SIMPLEC 算法（1984）、SIMPLEX 算法（1986）、PISO 算法（1986）、CLEAR 算法（2009）等[123,124]。近年来，该系列算法在工程领域获得了广泛应用：Li-ren 和 Jun[81] 在水电站冷却池水流及传热数值模拟中运用了 SIMPLE 算法；吴修广等[125] 在非正交曲线坐标系下平面二维水流进行计算中采用了 SIMPLEC 算法；朱木兰、金海生[126] 在正交曲线坐标系下准三维全沙数学模型计算中采用了 SIMPLER 算法。

2. 不合理压力场问题

采用常规的网格及中心差分来离散压力梯度项时，往往会出现不合理的压力场，在一维情况下可能会出现锯齿形压力场，在二维情况下会出现棋盘形压力场，但动量方程的离散形式无法检测出来，导致计算的失败。如何建立网格系统，使得动量方程的离散形式能够检测出不合理的锯齿形或棋盘形压力场，从而获得合理的压力场，是整个计算成败的关键。

针对不合理压力场问题，目前主要有以下两种解决方案：

第一种解决方案是采用交错网格（Staggered Grid）技术，即将压力和速度布置在不同的网格系统上。根据变量的布置方式不同，交错网格又分为B－型交错网格[127]和C－型交错网格[128]。在二维问题中，C－型交错网格将流速 u、v 及压力 p 分别布置在三套网格系统中，其中 u 布置在压力控制体的东西界面上，v 存放在压力控制体的南北界面上。而B－型交错网格是将压力、水位、水深等布置在网格的左下角，将流速 u、v 及其他标量布置在网格中心。不管哪种交错网格，压力和流速正好有半个网格的错位。这样处理后，即可消除锯齿形或棋盘形压力场的不合理现象。交错网格技术可以和ADI算法或SIMPLE系列算法结合起来，在计算流体力学领域发挥着重要的作用。

第二种解决方案是采用同位网格(Collocated Grid)技术。由于交错网格采用了多套网格系统，各自节点的编号即各套网格之间的协调问题比较复杂，给编程带来诸多不便。随着问题由二维发展到三维，区域由规则变为不规则，由单重网格发展到多重网格，交错网格的这种缺点便日益突出。同位网格技术是将所有变量均置于同一套网格上而且能保证压力与速度不失耦的方法。将所有变量布置在同一套网格上，同时为了解决不合理压力场问题，采用动量插值法(Momentum Interpolation Method)[129]。同位网格法的思想最初在20世纪后期于美国两所大学的博士论文中提出，后经Peric[130]等进一步发展，目前该方法已经在计算流体力学及计算传热学中得到广泛的应用，尤其是三维和复杂边界情形。

3. 控制方程对流项的离散问题

水沙数学模型可以写成统一的对流扩散方程的形式，其中对流项的离散对整个计算来说至关重要。如果离散不当，会带来计算过程发散、计算精度较低或离散后的代数方程组不易求解等一系列问题。

中心差分格式不具有方向性，虽然具有二阶精度，但稳定性较差，容易产生物理上的不真实解，只有在流速非常小的扩散占优的问题中才能运用。为了克服对流项采用中心差分而引起的问题，Courant等[131]提出了一阶迎风格式(First-order Upwind Scheme，简称FUS)。一阶迎风格式不会引起解的振荡现象，稳定性较好，至今仍在工程界得到广泛应用。但是一阶迎风格式的精度较低，在计算中容易引起假扩散。为了克服这种现象，Leonard等[132]提出了二阶迎风格式(Second-order Upwind Scheme，简称SUS)，后面又有人提出三阶迎风格式(Third-order Upwind Scheme，简称TUS)。高阶迎风格式具有一阶迎风格式稳定性较好的优点，而且可以克服一阶迎风格式的假扩散效应，具有较高的精度。Leonard[133]提出了QUICK(Quadratic Upwind Interpolation of Convective Kinematics)格式。该格式具有三阶精度，具有守恒性，在机械传热、传质、水动力学及水环境领域中都得到了广泛的应用。在二维问题中利用该格式离散后的差分格式是九点格式，不能直接用交替方向的TDMA方法来求解[134]，但可用交替方向五对角阵算法(Pentadiagonal Matrix Algorithm，PDMA)[135]来求解，或采用延迟修正算法(Differed Correction Method)[136]来求解。采用延迟修正算法后，一方面能保持QUICK格式较高的精度和守恒性，另一方面离散后的代数方程组为五对角方程组，仍可采用交替方向的TDMA算法来求解。鉴于上述优点，本书选用延迟修正的QUICK格式来离散对流项。除以上差分格式外，对流项常用的离散格式还有混合格式、指数格式和乘方格式等[19]，它们都只有一阶精度。

4. 复杂边界的拟合问题

一般而言，天然河道边界不太规则，这给区域剖分及离散后代数方程组的求解都带来一定困难。针对不规则区域，在河流数值模拟中采用 FVM 时常用的处理方法有以下几个方面。

1）用阶梯形边界逼近真实边界

在二维情形下，直接将求解区域用矩形网格（二维）剖分，曲线边界可用阶梯形的网格来逼近，在计算流体力学的早期，这种方法曾得到广泛应用。此方法计算边界为锯齿形边界，在边界附近会有较大误差，但随着网格的进一步细化，误差会逐渐减小。该方法网格的生成简单，且不需要对相应的微分方程进行坐标变换，可适宜于任意复杂的物理区域，近年来该方法与区域扩充法结合在一起，在大规模工程计算中经常采用[137]。区域扩充法是指将不规则的计算区域经过扩充变为规则的计算区域，然后利用冻结网格法[138]、窄缝法[139]等技术，实现对不规则区域流体流动的数值计算。这一方法在大尺度模型计算和大范围工程问题中一般能满足实际工程的需要，并在河流及近海潮流模型中得到广泛的应用。但是，该方法将区域扩充，会增加额外的计算工作量，尤其在曲率较大的弯道水沙数值计算中增加的工作量会更大。

2）采用非结构网格法

节点排列有序、邻点之间关系比较明确的网格为结构网格（Structural Grid）。反之，若节点位置无法用统一的法则予以命名，则为非结构网格（Unstructural Grid）。在二维区域中，结构网格单元一般为四边形，三维结构网格单元一般用六面体。而非结构网格单元形状比较随意，如在二维区域中可为三角形单元，在三维区域中可为四面体单元。因此，非结构网格对不规则边界的适应能力非常强，而且可以任意加粗或变细，也无须对原来的微分方程进行坐标变换。近年来，非结构网格技术获得了较大发展，在一些成熟的流体力学软件中都可以使用非结构网格。Basara 等[140]在非结构网格下对移动网格下的单相流和两相流进行了数值模拟；Rossi 等[141]在非结构网格下利用 Lattice Boltzmann 方法对三维管流进行了数值模拟；Mohammadian 和 Roux[142]在非结构网格下对动床条件下浅水流动进行了数值模拟。

然而，非结构网格的生成及离散方程组的求解工作量较大，目前在天然河流数值模拟中还未广泛使用。

3）采用适体坐标系

适体坐标系（Body-Fitted Coordinates，BFC）是指坐标轴与所计算区域的边界一一相符合的坐标系[19]。生成适体坐标系的过程可以看成是一种变换，将物理平面上不规则的区域变为计算平面上规则的区域，使得物理平面上的节点与计算平面上的节点一一对应。生成适体坐标系的方法有代数法和微分方程法。代数法中又包括边界规范化方法、双边界法、无限插值法等[19]。微分方程法由于生成的网格具有较好的性质如正交性、适应性，并可根据需要随意加密网格，而备受科学家青睐。自从 1976 年 Winslow[143]提出利用椭圆型偏微分方程生成网格的方法，并经过 Thompson、Thames 和 Mastin[144]等的发展，逐渐形成了计算流体力学和传热学领域的一个分支——网格生成技术，利用椭圆型方程生成网格的最常用的方法是 Poisson 方程法和 Laplace 方程法。继椭圆型方程法生成网格技术之后,Steger 等[145]提出了利用双曲型方程生成网格的方法,Nakamura[146]提出了利用抛物型方程生成网格的方法。目前,适体坐标变换中最常用的有 Poisson 方程坐标变换[147]、重调和方程坐标变换[148]、正交型坐标变换[149]等。适体坐标变换法在处理非规则边界时具有诸多优点,已被广泛应用于各类流体的数值计算[150-152]。

5. 水流模块与泥沙模块的耦合问题

水沙数学模型一般由水流模块和泥沙模块组成,在计算时,两个模块之间如何进行信息交换对计算速度和计算精度影响较大,尤其在长时段的数值模拟中更是如此。

针对上述问题,一般较为成熟的软件(如 Delft3D 等)通常的处理方法有两种:第一种处理方法是分离式计算,即先计算水流模块,计算出流场及水位后再启动泥沙模块,这时水流模块停止工作;第二种处理方法是耦合式计算,即水流模块与泥沙模块实时启动,实时进行信息交换。

这两种处理方法各有其优缺点。分离式计算方法计算简单,计算量较小。但在计算泥沙模块时水流模块不参与计算,往往会带来较大误差。实际上,水流和泥沙是相互影响,相互作用的。泥沙模块启动后由于泥沙的输移会引起河床的变形,从而引起流速、水位的变化,如果流速、水位一直保持不变,势必会造成较大误差,反过来影响泥沙运移及河床变形的模拟精度。

耦合式算法水流模块和泥沙模块同时参与计算,水流和泥沙实时发生信息交换,符合水沙运动实际,模拟精度较高。然而,这种方法计算量很大,在长时间、长河段的数值模拟中会耗费很多时间。

如何克服上述困难,既能提高模拟精度,又能节约计算时间,成为水沙数值模拟的瓶颈,本书试图在这方面有所突破。

第三节　水沙数学模型及数值计算中存在的一些问题

随着计算机的不断更新换代,水沙数学模型及其数值计算方法在近年来取得了长足的进步,原有的数学模型及计算方法不断得到完善,新的数学模型及计算方法不断涌现。然而,整体来说,仍然存在以下一些问题:

(1)现有的水沙数学模型中,水流模块大多采用层流模型或紊流模型中比较简单的模型,如零方程模型等。

实际上,紊动黏性系数的选择对流速等物理量有很大影响,零方程模型带有很多经验性质,对紊动黏性系数的计算中会与实际有较大出入。对于具有复杂地形特征的天然河道中,采用简单的紊流模型甚至层流模型是不恰当的,计算中会产生较大误差。

(2)沿水深平均的平面二维水沙模型中一般没有考虑弯道环流对水沙运移的影响。

对具有连续弯道的天然河段水沙运移数值模拟中,如果不考虑弯道环流的影响,模拟结果与实际难免会有一定偏差。如何改进已有的模型,以便体现弯道环流的影响,是本书要解决的一个问题。

(3)水沙数学模型中水流模块与泥沙模块的耦合问题。

如前节所述,水沙数学模型中水流模块和泥沙模块如何进行耦合,对整个计算是非常重要的。采用分离式算法会产生较大误差，而采用全耦合算法则会增加很多计算量。

(4)曼宁系数的选取。

曼宁系数的不同，对水流流速、水位的模拟结果影响很大。纵观以往的一些文献，要么是直接给定曼宁系数的一个经验值，要么通过实测结果，结合数值模拟，选取曼宁系数的一个最佳值。实际上，对于天然河道长河段的数值模拟，不同子河段的曼宁系数会有不同，如果统一取一个值会带来一定的误差；但取多个不同的值，会给程序调试带来很大困难。曼宁系数的合理选择，在水沙运移数值模拟中尤为重要。

(5)推移质泥沙输移问题。

床沙可分为悬移质和推移质，其中关于悬移质输移的研究相对较多，也相对比较成熟，而关于推移质输移的研究则相对较少，也不太成熟，且现有的水沙模型研究中，一般将两者分离开来，即模型中要么只包含悬移质输移，要么只包含推移质输移。实际上，在天然河道水沙运移中，悬移质与推移质对河床演变同等重要。如何在模型中同时考虑悬移质和推移质输移及其对河床变形的影响，也是水沙数值模拟的一个难题。

第四节　本书主要研究内容和创新之处

一、主要研究内容

本书建立了平面二维紊流水沙模型和三维紊流水流模型，以位于宁夏境内的黄河上游沙坡头水利枢纽库区为例，对具有连续弯道的天然河道水流运动、泥沙输移及河床变形进行了数值模拟研究。

所研究河段为从拟建的大柳树枢纽坝址到沙坡头水利枢纽坝址，长 13.4 km。该河段大部分区域位于沙坡头水库库区范围内，为由五个弯道组成的连续弯道，黄河水利委员会(简称黄委)在该库区内共设置了 20 个冲淤断面，如图 1-1 所示。

该河段地形复杂，河床高程变幅较大，弯道较多且不规则，床沙粒径分布不均匀(从几微米到几十毫米)，含沙量变幅较大，这给数值模拟带来一定困难。因此，本书采取整体平面二维与局部三维数值模拟相结合的模拟方法。三维数值模拟采用可实现 $k-\varepsilon$ 紊流模型，主要对局部弯道段水流运动进行数值模拟，研究其弯道环流分布特征；平面二维数值模拟采用 RNG $k-\varepsilon$ 紊流模型，分四种典型工况，在每一工况下又按进口含沙量不同分若干不同情形，分别进行了数值模拟。通过比较分析，分别对该河段流速分布、水位分布、含沙量分布及河床变形等规律进行了深入研究，得到一些可供工程部门参考的结论。主要研究内容及研究结果如下：

(1)建立了平面二维紊流水沙数学模型并进行了一些算法上的研究。

该模型由两个基本模块组成：水流模块和泥沙模块。其中，水流模块采用平面二维 RNG $k-\varepsilon$ 紊流模型并进行了修正，为了反映弯道离心力的影响，对动量方程中的源项进行了修正；泥沙模块采用全沙模型，对床沙按粒径进行分组，同时考虑了各粒径组悬移质和推移质的运移及其引起的河床变形，考虑了床沙级配的调整变化。

对比了各家计算泥沙沉速、水流挟沙力、推移质输沙率的公式，得到了适合于所研究

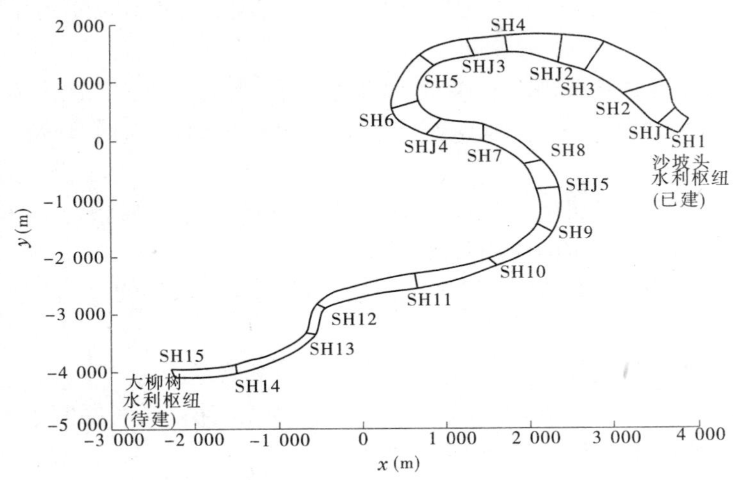

图 1-1　黄河大柳树—沙坡头河段平面示意图

河段的计算公式;采用自适应算法确定各子河段的曼宁系数值,可以提高模拟精度并有效地减少试算曼宁系数的计算工作量;采用了水流模块和泥沙模块的半耦合算法,兼具耦合算法和分离式算法的优点,可以节约计算工作量并保持一定的计算精度;在出口处添加一段垂直于出口断面的顺直河段,以便使用充分发展边界条件并保持计算过程稳定。

(2)利用所建立的平面二维紊流水沙数学模型,对大柳树—沙坡头河段水流运动及河床变形进行了数值模拟研究。

进行了大量的数值试验,按所研究河段特点,根据流量、水位及含沙量等分四个大的工况,每一大工况又按含沙量不同分四个小工况,共计 16 个子工况,分别进行了 10～20 d 的数值模拟;为了验证数值模拟结果,从 2008 年 12 月 6 日至 2009 年 7 月 17 日共计 224 d 的水沙运移,运用所建立的数学模型对整个河段进行了长时段数值模拟,仅这一工况计算耗费机时近 16 d。通过数值模拟,得到以下一些结论:

①在弯道渐缩段、渐扩段等处,主流线与深泓线会发生较大程度分离,而在其他位置处,二者基本重合。

②水面纵比降和横比降的绝对值均随着进口断面流量的增大而增大。

③水流挟沙力、含沙量在纵向、横向分布上与流速分布基本一致,沿程呈减小的趋势。

④在同一工况下,当进口含沙量较小时,河床呈冲刷状态;当进口含沙量较大时,河床呈淤积状态。

⑤含沙量相同而流量改变时,对水流进口附近区域河床冲淤影响较大,但在远离水流进口的区域影响不大。

⑥当流量较小(如小于 1 500 m^3/s)时,模拟河段中悬移质引起的河床变形起主导地位,推移质引起的河床变形可以忽略不计,而当流量较大(如大于 2 000 m^3/s)时,则应同时考虑悬移质和推移质对河床变形的影响。

⑦当河床冲刷时,床沙会发生粗化现象;而当河床淤积时,床沙会发生细化现象,一般平均流速较大的河段,床沙粗化程度较严重。

(3)利用可实现 $k-\varepsilon$ 紊流模型,对大柳树—沙坡头河段部分连续弯道的水流运动进行了三维数值模拟。

比较分析了典型断面处垂线平均流速、断面流速大小、主流流速和二次流流速的数值模拟结果与实测结果,模拟并分析了典型断面处弯道环流和水面处离心环流,主要结论如下:

①数值模拟结果与实测结果较为吻合,反映了可实现 $k-\varepsilon$ 紊流模型对具有连续弯道的天然河流的数值模拟具有一定的应用价值。

②与顺直河段不同,天然河流连续弯道中主流线在弯道进口处靠近凸岸,然后逐渐向凹岸过渡。

③主流线与深泓线一般比较一致,但有时也会发生分离现象。

④天然连续弯道中会发生弯道环流现象,其表层流场指向凹岸,底层流场指向凸岸。可实现 $k-\varepsilon$ 紊流模型可以合理地模拟弯道环流现象。

⑤天然连续弯道中在进口段的凹岸和出口段的凸岸,还会发生离心环流(即逆向回流)现象。可实现 $k-\varepsilon$ 紊流模型可以合理地模拟弯道离心回流现象。

(4)对大柳树—沙坡头河段进行了数次实测,对实测结果进行了比较分析。

为了给数值模拟提供必要的初边界条件并验证数值模拟结果,项目组对所模拟河段典型断面处垂线平均流速、河床高程、水位和悬移质泥沙粒径分布等进行了多次实测,并对实测结果进行了比较分析。

二、创新之处

本书研究河段选取为黄河上游拟建的大柳树水利枢纽和已建的沙坡头水利枢纽之间具有复杂地形的连续弯道,采用整体平面二维数值模拟和局部三维数值模拟相结合、现场实测和数值模拟相结合的研究方法,通过数值模拟研究,不但得到了一些可供工程部门借鉴的重要结论,而且在水沙数学模型的建立和数值计算方法上均有一定的创新。具体创新之处主要有以下几点:

(1)在平面二维数值模拟研究中,引入较为复杂的紊流数学模型,并作了部分改进,使其能够反映弯道环流的影响。

在绝大多数泥沙数学模型中,水流模块一般采用层流模型或紊流模型中比较简单的零方程模型。而天然河流弯道水流运动一般为紊流,用层流模型和零方程模型难免与实际有较大的误差,本书在水流模块中引入 $k-\varepsilon$ 两方程紊流模型,并作了参数上的局部改进,即修正的 RNG $k-\varepsilon$ 紊流模型。同时,为了反映弯道离心力的影响,对动量方程进行了修正,增加的计算量不大,但能改善数值模拟精度。

(2)在曼宁系数的选取上,建立了一种自适应快速算法,可根据实测资料,自动调整各子河段曼宁系数的值,大大缩减了试算时间,并提高了模拟精度。

曼宁系数的取值对数值模拟结果有很大影响,但关于曼宁系数的计算并没有普遍认可的方法。一般的数学模型,甚至包括一些成熟的商业软件,都是在整个河段选取单一的曼宁系数值,通过试算,逐步调整曼宁系数的值,使模拟结果趋于合理。这样做不但费时费力,而且计算结果有较大误差。本书针对所研究河段,适当分为若干子河段,通过一种自适应算法,使曼宁系数在不同子河段取不同的值。这样不但大大减少了试算曼宁系数值所需的计算工作量,而且计算结果更接近实际值。

(3)建立了关于水流模块和泥沙模块的半耦合算法,计算量比耦合算法大大减少,精度上比分离式算法有所提高。

针对水沙数学模型中水流模块和泥沙模块,通常有两种处理方法:第一种是分离式计算方法,第二种是耦合式计算方法。分离式计算方法简单、计算量较小,但在计算泥沙模块时水流模块不参与计算,往往会带来较大误差。耦合式算法水流模块和泥沙模块同时参与计算,水流和泥沙实时发生信息交换,符合水沙运移实际,模拟精度较高,但计算量很大。而本书所建立的半耦合算法,在水流计算基本稳定后间歇式启动水流模块,兼具分离式算法和耦合式算法的优点。

(4)水流三维数值模拟和二维数值模拟相互结合、相互补充。

对于明渠水流三维数值模拟,自由表面的捕捉是难点之一,直接进行数值模拟难度较大,且计算量较大。本书先利用平面二维数值模拟方法得到水位分布,然后利用刚盖假定,即将水位所在曲面看成剪切力为零的盖子,与进出口断面、河床及两岸共同构成一个封闭的几何体,以便进行区域剖分及数值求解,这大大降低了三维数值模拟的难度。

三维数值模拟和二维数值模拟结果相互补充。本书所建立的平面二维水沙数学模型可以计算垂线平均流速、泥沙含量分布及河床变形等,而利用三维水流数学模型可以计算弯道横向环流和纵向环流等。

第二章　数学模型

由于天然河道水流一般为紊流,在数值模拟时宜采用紊流模型。第一章介绍了各种紊流模型,其中 DNS、LES、RSM、ASM 等模型可以模拟复杂流动现象,但计算量较大;零方程模型、一方程模型及标准 $k-\varepsilon$ 模型在模拟复杂流动现象时有一定的局限性。通过反复比较,本书在对大柳树—沙坡头河段水沙运移进行整体平面二维数值模拟时采用 RNG $k-\varepsilon$紊流模型,在对该河段进行局部三维数值模拟时采用三维可实现 $k-\varepsilon$ 模型,并对数学模型进行相应的改进,以适应具有连续弯道的天然多沙河流水流运动、泥沙运移及河床变形的特点。本章拟对所采用的数学模型进行较为系统的介绍。

第一节　平面二维紊流水沙数学模型

一、直角坐标系下的控制方程

沿水深平均的平面二维紊流水沙数学模型可分为两个模块,即水流模块和泥沙模块,以下分别进行介绍。

(一)水流模块

1. 平面二维标准 $k-\varepsilon$ 模型

平面二维标准 $k-\varepsilon$ 紊流水沙数学模型的水流模块又包括水流连续性方程、x 方向动量方程、y 方向动量方程、k 方程和 ε 方程[138,153,154]。

(1) 水流连续性方程:

$$\frac{\partial z}{\partial t}+\frac{\partial(hu)}{\partial x}+\frac{\partial(hv)}{\partial y}=0 \tag{2-1}$$

(2) x 方向动量方程:

$$\frac{\partial(hu)}{\partial t}+\frac{\partial(huu)}{\partial x}+\frac{\partial(huv)}{\partial y}=\frac{\partial}{\partial x}\left[(\nu+\nu_t)h\frac{\partial u}{\partial x}\right]+\frac{\partial}{\partial y}\left[(\nu+\nu_t)h\frac{\partial u}{\partial y}\right]-gh\frac{\partial z}{\partial x}-\tau_{bx}+F_{bx} \tag{2-2}$$

(3) y 方向动量方程:

$$\frac{\partial(hv)}{\partial t}+\frac{\partial(hvu)}{\partial x}+\frac{\partial(hvv)}{\partial y}=\frac{\partial}{\partial x}\left[(\nu+\nu_t)h\frac{\partial v}{\partial x}\right]+\frac{\partial}{\partial y}\left[(\nu+\nu_t)h\frac{\partial v}{\partial y}\right]-gh\frac{\partial z}{\partial y}-\tau_{by}+F_{by} \tag{2-3}$$

(4) 紊动动能方程(k 方程):

$$\frac{\partial(hk)}{\partial t}+\frac{\partial(huk)}{\partial x}+\frac{\partial(hvk)}{\partial y}=\frac{\partial}{\partial x}\left[\left(\nu+\frac{\nu_t}{\sigma_k}\right)h\frac{\partial k}{\partial x}\right]+\frac{\partial}{\partial y}\left[\left(\nu+\frac{\nu_t}{\sigma_k}\right)h\frac{\partial k}{\partial y}\right]+S_k \tag{2-4}$$

(5) 紊动动能耗散率方程(ε 方程):

$$\frac{\partial(h\varepsilon)}{\partial t}+\frac{\partial(hu\varepsilon)}{\partial x}+\frac{\partial(hv\varepsilon)}{\partial y}=\frac{\partial}{\partial x}\left[\left(\nu+\frac{\nu_t}{\sigma_\varepsilon}\right)h\frac{\partial\varepsilon}{\partial x}\right]+\frac{\partial}{\partial y}\left[\left(\nu+\frac{\nu_t}{\sigma_\varepsilon}\right)h\frac{\partial\varepsilon}{\partial y}\right]+S_\varepsilon \quad (2\text{-}5)$$

式中：z 为水位；h 为水深；u、v 分别为垂线平均流速在 x、y 方向的分量，ν 为水流运动黏性系数；ν_t 为水流紊动黏性系数；k 为紊动动能；ε 为紊动动能耗散率；τ_{bx}、τ_{by} 分别为 x 方向和 y 方向底部的摩阻项，可用式(2-6)计算：

$$\tau_{bx}=\frac{gn^2u\sqrt{u^2+v^2}}{h^{\frac{1}{3}}},\quad \tau_{by}=\frac{gn^2v\sqrt{u^2+v^2}}{h^{\frac{1}{3}}} \quad (2\text{-}6)$$

式中：g 为重力加速度；n 为曼宁系数。

F_{bx}、F_{by}分别为 x 和 y 方向的科氏力项，可用式(2-7)计算：

$$F_{bx}=fv=2\omega\sin\phi\cdot v,\quad F_{by}=-fu=-2\omega\sin\phi\cdot u \quad (2\text{-}7)$$

式中：$\omega=7.29\times10^{-5}$ rad/s；ϕ 为纬度值。

在本书中，科氏力项可以忽略。

S_k、S_ε 分别为 k 方程和 ε 方程的源项，可用下式计算[138]：

$$S_k=h(P_k+P_{kv}-\varepsilon) \quad (2\text{-}8)$$

$$S_\varepsilon=h\left[\frac{\varepsilon}{k}(C_{1\varepsilon}P_k-C_{2\varepsilon}\varepsilon)+P_{\varepsilon v}\right] \quad (2\text{-}9)$$

其中

$$P_k=2(\nu+\nu_t)\left[\left(\frac{\partial u}{\partial x}\right)^2+\left(\frac{\partial v}{\partial y}\right)^2\right]+(\nu+\nu_t)\left(\frac{\partial u}{\partial y}+\frac{\partial v}{\partial x}\right)^2 \quad (2\text{-}10)$$

$$\nu_t=C_\mu\frac{k^2}{\varepsilon} \quad (2\text{-}11)$$

$$P_{kv}=\frac{C_a u_*^3}{H} \quad (2\text{-}12)$$

$$P_{\varepsilon v}=\frac{C_b u_*^4}{H^2} \quad (2\text{-}13)$$

$$u_*=\sqrt{C_f(u^2+v^2)} \quad (2\text{-}14)$$

$$C_a=C_f^{-\frac{1}{2}} \quad (2\text{-}15)$$

$$C_b=\frac{3.6C_{2\varepsilon}C_\mu^{\frac{1}{2}}}{C_f^{\frac{1}{4}}} \quad (2\text{-}16)$$

模型中出现的有关参数取值如表 2-1 所示。

表 2-1　平面二维标准 $k-\varepsilon$ 紊流模型中有关参数取值

C_μ	$C_{1\varepsilon}$	$C_{2\varepsilon}$	C_f	σ_k	σ_ε
0.09	1.44	1.92	0.003	1.0	1.3

2. 平面二维 RNG $k-\varepsilon$ 模型

当标准 $k-\varepsilon$ 模型用于强旋流或带有弯曲壁面的流动时，会出现一定的失真。本书所模拟河段为具有复杂地形特点的连续弯道，鉴于 RNG $k-\varepsilon$ 模型[18]可以处理高应变率及流线弯曲程度较大的流动，因此采用 RNG $k-\varepsilon$ 模型并加以适当修正，称为修正的平面二维 RNG $k-\varepsilon$ 模型。

修正的 RNG $k-\varepsilon$ 模型与标准 $k-\varepsilon$ 模型相似，其中水流连续性方程、动量方程与标准 $k-\varepsilon$ 模型完全相同，仍为式(2-1)～式(2-3)。k 方程与式(2-4)相似，只是紊动黏性系数发生了变化，ε 方程的紊动黏性系数与源项均发生了变化。修正后的 k 方程和 ε 方程如下所示：

$$\frac{\partial(hk)}{\partial t}+\frac{\partial(huk)}{\partial x}+\frac{\partial(hvk)}{\partial y}=\frac{\partial}{\partial x}\left[\alpha_k(\nu+\nu_t)h\frac{\partial k}{\partial x}\right]+\frac{\partial}{\partial y}\left[\alpha_k(\nu+\nu_t)h\frac{\partial k}{\partial y}\right]+S_k \tag{2-17}$$

$$\frac{\partial(h\varepsilon)}{\partial t}+\frac{\partial(hu\varepsilon)}{\partial x}+\frac{\partial(hv\varepsilon)}{\partial y}=\frac{\partial}{\partial x}\left[\alpha_\varepsilon(\nu+\nu_e)h\frac{\partial \varepsilon}{\partial x}\right]+\frac{\partial}{\partial y}\left[\alpha_\varepsilon(\nu+\nu_e)h\frac{\partial \varepsilon}{\partial y}\right]+S_\varepsilon \tag{2-18}$$

其中，S_k 仍如式(2-8)所示，而 S_ε 与式(2-9)有所不同，可表示为

$$S_\varepsilon=h\left[\frac{\varepsilon}{k}(C_{1\varepsilon}^*P_k-C_{2\varepsilon}\varepsilon)+P_{\varepsilon v}\right] \tag{2-19}$$

其中，$C_{1\varepsilon}^*=C_{1\varepsilon}-\dfrac{\eta_1(\eta_0-\eta_1)}{\eta_0(1+\beta_1\eta_1^3)}$，$\eta_1=\sqrt{\dfrac{P_k}{\nu_t}}\dfrac{k}{\varepsilon}$，而 P_k、$P_{\varepsilon v}$ 如式(2-10)、式(2-13)所示。模型中有关参数的取值与标准 $k-\varepsilon$ 模型相比，也发生了一定变化，如表 2-2 所示。

表 2-2　平面二维修正的 RNG $k-\varepsilon$ 紊流模型中有关参数取值

C_μ	$C_{1\varepsilon}$	$C_{2\varepsilon}$	η_0	C_f	β_1	α_k	α_ε
0.084 5	1.42	1.68	4.377	0.003	0.012	1.39	1.39

另外，经过数值模拟试验发现，利用上述模型计算的紊动黏性系数偏大。将参数 C_a 由原来的 18.26 调整为 3.34 后，计算得到的紊动黏性系数比较合理，且计算结果与实测值比较接近。

（二）泥沙模块

平面二维全沙数学模型的泥沙模块包括非均匀悬移质不平衡输沙方程、非均匀悬移质河床变形方程、非均匀推移质泥沙输移方程、床沙级配调整方程[96,155]。

1. 非均匀悬移质不平衡输沙方程

根据模拟河段悬移质及推移质分布特点，拟采用非均匀沙模型。非均匀悬移质泥沙按其粒径大小可分成 N_S 组，用 S_L 表示第 L 组泥沙含量，P_{SL} 为该粒径组悬移质泥沙含量所占的比例，用 S 代表总含沙量，则 S_L、P_{SL}、S 之间的关系为

$$S_L=SP_{SL},\quad S=\sum_{L=1}^{N_S}S_L \tag{2-20}$$

针对非均匀悬沙中第 L 组粒径的含沙量，平面二维悬沙不平衡输运基本方程为

$$\frac{\partial hS_L}{\partial t}+\frac{\partial hS_Lu}{\partial x}+\frac{\partial hS_Lv}{\partial y}=-\alpha_L\omega_L(S_L-S_L^*)+\frac{\partial}{\partial x}\left(\varepsilon_xh\frac{\partial S_L}{\partial x}\right)+\frac{\partial}{\partial y}\left(\varepsilon_yh\frac{\partial S_L}{\partial y}\right) \tag{2-21}$$

式中：S_L^*、ω_L、α_L 分别为第 L 组悬移质泥沙的挟沙力、沉速及恢复饱和系数；ε_x、ε_y 分别为

x、y 方向上的扩散系数。

记 S^* 为总挟沙力，p_L^* 为第 L 组泥沙的挟沙力级配，则有

$$S_L^* = p_L^* S^* \tag{2-22}$$

2. 非均匀悬移质河床变形方程

记 $Z_{S,L}$ 为第 L 组粒径悬沙产生的冲淤厚度，γ_s' 为泥沙干容重，则第 L 粒径组泥沙引起的河床冲淤变形由下述方程确定：

$$\gamma_s' \frac{\partial Z_{S,L}}{\partial t} = \alpha_L \omega_L (S_L - S_L^*) \tag{2-23}$$

记 Z_S 为由悬移质引起的河床总变形，则有：

$$Z_S = \sum_{L=1}^{N_S} Z_{S,L} \tag{2-24}$$

当 $Z_S > 0$ 时，表示河床发生淤积；当 $Z_S < 0$ 时，表示河床发生冲刷；当 $Z_S = 0$ 时，表示河床不冲不淤。

3. 非均匀推移质泥沙输移方程

设推移质按粒径大小可分为 N_b 组，第 L 组推移质泥沙引起的冲淤厚度为 $Z_{b,L}$；$g_{bx,L}$ 和 $g_{by,L}$ 分别为第 L 粒径组推移质泥沙在 x 方向和 y 方向的单宽输沙率；$g_{b,L}$ 为第 L 粒径组推移质泥沙单宽输沙率，则第 L 粒径组推移质引起的河床变形方程为

$$\gamma_s' \frac{\partial Z_{b,L}}{\partial t} + \frac{\partial g_{bx,L}}{\partial x} + \frac{\partial g_{by,L}}{\partial y} = 0 \tag{2-25}$$

若求出 $g_{b,L}$，则 $g_{bx,L}$、$g_{by,L}$ 可通过式(2-26)求出：

$$g_{bx,L} = \frac{g_{b,L} u}{\sqrt{u^2 + v^2}}, \quad g_{by,L} = \frac{g_{b,L} v}{\sqrt{u^2 + v^2}} \tag{2-26}$$

分粒径组求出了各组推移质输沙率，则推移质引起的河床总变形为

$$Z_b = \sum_{L=1}^{N_b} Z_{b,L} \tag{2-27}$$

若同时考虑悬移质和推移质，则全沙模型中总冲淤厚度为

$$Z = Z_S + Z_b \tag{2-28}$$

4. 床沙级配调整方程

冲积河流的混合活动层，又称混合交换层，是指在床面以下一定范围内，与水流中的运动泥沙不断发生物质交换，处于活动状态的河床层。混合活动层泥沙级配对床面阻力、水流挟沙力有重要影响，是研究冲积河流河床冲淤变化的关键问题之一[156]。混合层在河床发生冲淤时厚度及床沙粒径级配将会随之变化。混合活动层厚度的计算公式目前仍不太成熟，最简单的做法是，认为混合层厚度等于沙坡坡高，为 2 ~ 3 m[156]。混合活动层床沙级配调整方程为[96]

$$\gamma_s' \frac{\partial E_m P_{mL}}{\partial t} + \alpha_L \omega_L (S_L - S_L^*) + \frac{\partial g_{bx,L}}{\partial x} + \frac{\partial g_{by,L}}{\partial y} + \gamma_s' [\varepsilon_1 P_{mL} + (1 - \varepsilon_1) P_{mL,0}] \left(\frac{\partial z_b}{\partial t} - \frac{\partial E_m}{\partial t} \right) = 0 \tag{2-29}$$

式中：z_b 为河床高程；E_m 为混合活动层厚度；P_{mL} 为第 L 粒径组床沙在全部可动床沙中所占百分比，即混合活动层床沙级配；$P_{mL,0}$ 为原始床沙级配。

式(2-29)左端第五项的物理意义为混合层下界面在冲刷过程中将不断下切河床以求得河床对混合层的补给，进而保证混合层内有足够的颗粒被冲刷。当混合层在冲刷过程中涉及原始河床时，$\varepsilon_1=0$；否则，$\varepsilon_1=1$。

（三）控制方程的通用形式

为了便于方程的离散及编程计算，可将直角坐标系下修正的平面二维 RNG $k-\varepsilon$ 模型中连续性方程、x 方向动量方程、y 方向动量方程、k 方程、ε 方程及非均匀悬移质输移方程，即式(2-1)～式(2-3)、式(2-17)、式(2-18)、式(2-21)写成统一形式，即

$$\frac{\partial}{\partial t}(h\Phi)+\frac{\partial}{\partial x}(hu\Phi)+\frac{\partial}{\partial y}(hv\Phi)=\frac{\partial}{\partial x}\left(h\Gamma_\Phi\frac{\partial\Phi}{\partial x}\right)+\frac{\partial}{\partial y}\left(h\Gamma_\Phi\frac{\partial\Phi}{\partial y}\right)+S_\Phi(x,y) \tag{2-30}$$

式中：Γ_Φ 为扩散系数；$S_\Phi(x,y)$ 为源项；Φ 为通用变量。

Γ_Φ、$S_\Phi(x,y)$、Φ 在不同的控制方程中代表不同的变量，如表 2-3 所示，其中动量方程中的科氏力项被略去。另外，为了简化处理，不妨设在 x 方向和 y 方向的泥沙扩散系数相同，用 ε' 表示，即 $\varepsilon_x=\varepsilon_y=\varepsilon'$。

表 2-3　直角坐标系下通用方程中各变量在不同控制方程中的含义

控制方程	Φ	Γ_Φ	S_Φ
连续性方程	1	0	0
x 方向动量方程	u	$\nu+\nu_t$	$-gh\frac{\partial z}{\partial x}-\frac{gn^2u\sqrt{u^2+v^2}}{h^{1/3}}$
y 方向动量方程	v	$\nu+\nu_t$	$-gh\frac{\partial z}{\partial y}-\frac{gn^2v\sqrt{u^2+v^2}}{h^{1/3}}$
k 方程	k	$\alpha_k(\nu+\nu_t)$	$h(P_k+P_{kv}-\varepsilon)$
ε 方程	ε	$\alpha_\varepsilon(\nu+\nu_t)$	$h\left[\frac{\varepsilon}{k}(C_{1\varepsilon}^*P_k-C_{2\varepsilon}\varepsilon)+P_{\varepsilon v}\right]$
悬移质输移方程	S_L	ε'	$-\alpha_L\omega_L(S_L-S_L^*)$

二、$\xi-\eta$ 坐标系下控制方程

由于所模拟区域为天然河道，形状不太规则，这给区域离散及方程求解带来一定困难。采用适体坐标变换，即 $\xi-\eta$ 坐标变换，可将复杂的物理平面区域变换为简单的计算区域，如矩形区域。

在适体坐标变换下，物理平面区域上任一点(x,y)在计算平面区域上对应点的坐标为(ξ,η)，它们之间的关系为

$$\xi=\xi(x,y),\quad \eta=\eta(x,y) \tag{2-31}$$

$$x=x(\xi,\eta),\quad y=y(\xi,\eta) \tag{2-32}$$

其偏导数之间具有以下关系[19]：

$$\xi_x = \frac{y_\eta}{J}, \quad \xi_y = -\frac{x_\eta}{J}, \quad \eta_x = -\frac{y_\xi}{J}, \quad \eta_y = \frac{x_\xi}{J} \tag{2-33}$$

式中：J 为坐标变换的 Jacobi 行列式，通常成为 Jacobi 因子：

$$J = \left| \frac{\partial(x,y)}{\partial(\xi,\eta)} \right| = x_\xi y_\eta - x_\eta y_\xi \tag{2-34}$$

对于任意变量 Φ，由链导法则有

$$\frac{\partial \Phi}{\partial x} = \frac{\partial \Phi}{\partial \xi}\frac{\partial \xi}{\partial x} + \frac{\partial \Phi}{\partial \eta}\frac{\partial \eta}{\partial x} = \frac{1}{J}\left(\frac{\partial \Phi}{\partial \xi}\frac{\partial y}{\partial \eta} - \frac{\partial \Phi}{\partial \eta}\frac{\partial y}{\partial \xi}\right)$$

$$\frac{\partial \Phi}{\partial y} = \frac{\partial \Phi}{\partial \xi}\frac{\partial \xi}{\partial y} + \frac{\partial \Phi}{\partial \eta}\frac{\partial \eta}{\partial y} = \frac{1}{J}\left(-\frac{\partial \Phi}{\partial \xi}\frac{\partial x}{\partial \eta} + \frac{\partial \Phi}{\partial \eta}\frac{\partial x}{\partial \xi}\right)$$

对模拟区域进行适体坐标变换，变换后式(2-30)变为

$$\frac{\partial}{\partial t}(h\Phi) + \frac{1}{J}\frac{\partial}{\partial \xi}(hU\Phi) + \frac{1}{J}\frac{\partial}{\partial \eta}(hV\Phi)$$
$$= \frac{1}{J}\frac{\partial}{\partial \xi}\left(\frac{\alpha h \Gamma_\Phi}{J}\frac{\partial \Phi}{\partial \xi}\right) + \frac{1}{J}\frac{\partial}{\partial \eta}\left(\frac{\gamma h \Gamma_\Phi}{J}\frac{\partial \Phi}{\partial \eta}\right) + S_\Phi(\xi,\eta) \tag{2-35}$$

其中，U、V 为逆变流速分量：

$$U = uy_\eta - vx_\eta, \quad V = -uy_\xi + vx_\xi \tag{2-36}$$

α、β、γ 可用式(2-37)计算：

$$\alpha = x_\eta^2 + y_\eta^2, \quad \beta = x_\xi x_\eta + y_\xi y_\eta, \quad \gamma = x_\xi^2 + y_\xi^2 \tag{2-37}$$

曲线坐标系下沿水深平均的平面二维 RNG $k-\varepsilon$ 两方程紊流模型通用形式式(2-35)中，各变量的含义如表 2-4 所示。

表 2-4 适体坐标系下通用方程中各变量在不同控制方程中的含义

控制方程	Φ	Γ_Φ	S_Φ
连续性方程	1	0	0
x 方向动量方程	u	$\nu+\nu_t$	S_u
y 方向动量方程	v	$\nu+\nu_t$	S_v
k 方程	k	$\alpha_k(\nu+\nu_t)$	S_k
ε 方程	ε	$\alpha_\varepsilon(\nu+\nu_t)$	S_ε
悬移质输移方程	S_L	ε'	S_{SL}

其中：

$$S_u = -\frac{1}{J}gh(z_\xi y_\eta - z_\eta y_\xi) - \frac{1}{J}\frac{\partial}{\partial \xi}\left(\frac{\beta \Gamma_u h}{J}\frac{\partial u}{\partial \eta}\right) - \frac{1}{J}\frac{\partial}{\partial \eta}\left(\frac{\beta \Gamma_u h}{J}\frac{\partial u}{\partial \xi}\right) - \frac{gn^2 u\sqrt{u^2+v^2}}{h^{1/3}} \tag{2-38}$$

$$S_v = -\frac{1}{J}gh(-z_\xi x_\eta + z_\eta x_\xi) - \frac{1}{J}\frac{\partial}{\partial \xi}\left(\frac{\beta \Gamma_v h}{J}\frac{\partial v}{\partial \eta}\right) - \frac{1}{J}\frac{\partial}{\partial \eta}\left(\frac{\beta \Gamma_v h}{J}\frac{\partial v}{\partial \xi}\right) - \frac{gn^2 v\sqrt{u^2+v^2}}{h^{\frac{1}{3}}} \tag{2-39}$$

$$S_k = -\frac{1}{J}\frac{\partial}{\partial\xi}\left(\frac{\beta\Gamma_u h}{J}\frac{\partial k}{\partial\eta}\right) - \frac{1}{J}\frac{\partial}{\partial\eta}\left(\frac{\beta\Gamma_u h}{J}\frac{\partial k}{\partial\xi}\right) + h(P_k + P_{kv} - \varepsilon) \tag{2-40}$$

$$S_\varepsilon = -\frac{1}{J}\frac{\partial}{\partial\xi}\left(\frac{\beta\Gamma_u h}{J}\frac{\partial\varepsilon}{\partial\eta}\right) - \frac{1}{J}\frac{\partial}{\partial\eta}\left(\frac{\beta\Gamma_u h}{J}\frac{\partial\varepsilon}{\partial\xi}\right) + h\left[\frac{\varepsilon}{k}(C_{1\varepsilon}^* P_k - C_{2\varepsilon}\varepsilon) + P_{\varepsilon v}\right] \tag{2-41}$$

$$S_{SL} = -\frac{1}{J}\frac{\partial}{\partial\xi}\left(\frac{\beta\Gamma_u h}{J}\frac{\partial S_L}{\partial\eta}\right) - \frac{1}{J}\frac{\partial}{\partial\eta}\left(\frac{\beta\Gamma_u h}{J}\frac{\partial S_L}{\partial\xi}\right) - \alpha_L\omega_L(S_L - S_L^*) \tag{2-42}$$

S_k、S_ε 的表达式仍如式(2-8)和式(2-9)所示，其他有关变量的计算如式(2-11)～式(2-16)所示，而紊动动能产生项可用式(2-43)计算：

$$P_k = \frac{\nu_t}{J^2}[2(u_\xi y_\eta - u_\eta y_\xi)^2 + 2(-v_\xi x_\eta + v_\eta x_\xi)^2 + (v_\xi y_\eta - v_\eta y_\xi - u_\xi x_\eta + u_\eta x_\xi)^2] \tag{2-43}$$

式中：有关参数的取值如表 2-2 所示。

三、考虑弯道环流影响的平面二维紊流水沙数学模型

由于弯道水流会产生横向环流，对弯道水流运动及泥沙输移影响较大，但沿水深平均的上述平面二维水流模型在弯道处不能很好地反映弯道环流对流速分布的影响[157]。为了在模型中反映弯道环流的影响，且增加的计算量不大，这里参考文献[86]、[96]的做法，在动量方程源项中增加反映弯道环流的项，ξ 方向和 η 方向的动量方程源项分别变为

$$S_{\bar{u}}^{\text{new}} = S_{\bar{u}} - M_{\bar{u}},\quad S_{\bar{v}}^{\text{new}} = S_{\bar{v}} - M_{\bar{v}} \tag{2-44}$$

其中：

$$M_{\bar{u}} = \frac{1}{J}\left[\frac{\partial}{\partial\xi}(-\xi_y|\bar{u}|\bar{u}\phi) + \frac{\partial}{\partial\eta}(\eta_y|\bar{u}|\bar{u}\phi) - 2\frac{\partial}{\partial\eta}(\xi_y|\bar{u}|\bar{v}\phi)\right] \tag{2-45}$$

$$M_{\bar{v}} = \frac{1}{J}\left[\frac{\partial}{\partial\xi}(\xi_x|\bar{u}|\bar{u}\phi) + \frac{\partial}{\partial\eta}(-\eta_x|\bar{u}|\bar{u}\phi) + 2\frac{\partial}{\partial\eta}(\xi_x|\bar{u}|\bar{v}\phi)\right] \tag{2-46}$$

式中：$\bar{u}$、$\bar{v}$分别为 ξ、η 方向的流速，它们与 u、v 的关系为

$$\bar{u} = \frac{ux_\xi + vy_\xi}{L_\xi},\quad \bar{v} = \frac{ux_\eta + vy_\eta}{L_\eta} \tag{2-47}$$

而 L_ξ、L_η 分别为曲线网格的长和宽，可用下式计算：

$$L_\xi = \sqrt{x_\xi^2 + y_\xi^2},\quad L_\eta = \sqrt{x_\eta^2 + y_\eta^2},\quad \phi = \frac{L_\xi}{L_\eta}\frac{h^2}{R_\eta}k_{TS}$$

式中：R_η 为等 η 线的曲率半径；k_{TS}为弯道环流引起的横向动量交换系数。

k_{TS}可用式(2-48)计算：

$$k_{TS} = 5\frac{\sqrt{g}}{\kappa C} - 15.6\left(\frac{\sqrt{g}}{\kappa C}\right)^2 + 37.5\left(\frac{\sqrt{g}}{\kappa C}\right)^3 \tag{2-48}$$

式中：κ 为卡门常数，κ 取 0.42；C 为谢才系数，$C = \frac{1}{n}h^{\frac{1}{6}}$；$g$ 为重力加速度。

一般地，ξ_x、ξ_y 远小于 η_x、η_y，故 $M_{\bar{u}}$、$M_{\bar{v}}$的计算可简化为

$$M_{\bar{u}} = \frac{1}{J^2}\frac{\partial}{\partial \eta}(x_\xi |\bar{u}|\bar{u}\phi) \tag{2-49}$$

$$M_{\bar{v}} = \frac{1}{J^2}\frac{\partial}{\partial \eta}(y_\xi |\bar{u}|\bar{u}\phi) \tag{2-50}$$

然而,以上动量方程的修正是针对正交曲线坐标系下 ξ 方向和 η 方向的动量方程源项而进行的。在正交曲线坐标系下,动量方程中流速基本变量为 ξ 方向和 η 方向的流速 $\bar{u}$、$\bar{v}$,而式(2-30)中,动量方程的流速基本变量为 x 方向和 y 方向的流速 u、v。由式(2-49)和式(2-50)联立,即可得到 x 方向和 y 方向动量方程源项的修正量分别为

$$M_u = \frac{1}{J^2}\frac{uL_\xi}{\sqrt{u^2+v^2}}\frac{\partial}{\partial \eta}(|\bar{u}|\bar{u}\phi),\quad M_v = \frac{1}{J^2}\frac{vL_\xi}{\sqrt{u^2+v^2}}\frac{\partial}{\partial \eta}(|\bar{u}|\bar{u}\phi) \tag{2-51}$$

因此,适体坐标系下能反映弯道环流影响的平面二维水沙紊流数学模型(修正的平面二维 RNG $k-\varepsilon$ 模型)通用控制方程为式(2-30),其中 x 方向与 y 方向动量方程的源项分别为

$$\left.\begin{aligned} S_u &= -\frac{1}{J}gh(z_\xi y_\eta - z_\eta y_\xi) - \frac{1}{J}\frac{\partial}{\partial \xi}\left(\frac{\beta\Gamma_u h}{J}\frac{\partial u}{\partial \eta}\right) - \frac{1}{J}\frac{\partial}{\partial \eta}\left(\frac{\beta\Gamma_u h}{J}\frac{\partial u}{\partial \xi}\right) - \frac{gn^2 u\sqrt{u^2+v^2}}{h^{1/3}} - M_u \\ S_v &= -\frac{1}{J}gh(-z_\xi x_\eta + z_\eta x_\xi) - \frac{1}{J}\frac{\partial}{\partial \xi}\left(\frac{\beta\Gamma_v h}{J}\frac{\partial v}{\partial \eta}\right) - \frac{1}{J}\frac{\partial}{\partial \eta}\left(\frac{\beta\Gamma_v h}{J}\frac{\partial v}{\partial \xi}\right) - \frac{gn^2 v\sqrt{u^2+v^2}}{h^{\frac{1}{3}}} - M_v \end{aligned}\right\} \tag{2-52}$$

其余控制方程的源项与前相同,扩散系数如表 2-4 所示。

四、适体坐标系下泥沙模块有关控制方程

泥沙模块中除悬移质泥沙输移方程外,其他方程一般不能纳入通用控制方程,现写出有关控制方程在适体坐标系下的形式。

(一)非均匀悬移质河床变形方程

由于非均匀悬移质河床变形方程式(2-23)不含空间导数项,经过适体坐标变换,方程形式不发生变化,仍为式(2-23)的形式。

(二)非均匀推移质泥沙输移方程

在适体坐标系下,非均匀推移质泥沙方程式(2-25)可化为

$$\gamma_s'\frac{\partial Z_{b,L}}{\partial t} + \frac{1}{J}\left(\frac{y_\eta \partial g_{bx,L}}{\partial \xi} - \frac{y_\xi \partial g_{bx,L}}{\partial \eta}\right) + \frac{1}{J}\left(-\frac{x_\eta \partial g_{by,L}}{\partial \xi} + \frac{x_\xi \partial g_{by,L}}{\partial \eta}\right) = 0 \tag{2-53}$$

(三)床沙级配调整方程

在适体坐标系下,床沙级配调整方程式(2-29)可化为

$$\gamma_s'\frac{\partial E_m P_{mL}}{\partial t} + \alpha_L\omega_L(S_L - S_L^*) + \frac{1}{J}\left(\frac{y_\eta \partial g_{bx,L}}{\partial \xi} - \frac{y_\xi \partial g_{bx,L}}{\partial \eta}\right) + \frac{1}{J}\left(-\frac{x_\eta \partial g_{by,L}}{\partial \xi} + \frac{x_\xi \partial g_{by,L}}{\partial \eta}\right) +$$

$$\gamma_s'[\varepsilon_1 P_{mL} + (1-\varepsilon_1)P_{mL,0}]\left(\frac{\partial z_b}{\partial t} - \frac{\partial E_m}{\partial t}\right) = 0 \tag{2-54}$$

第二节　平面二维水沙数学模型中关键问题的处理

一、动床阻力问题

曼宁系数是反映水流条件和河床形态的综合系数，取值的合理与否会在很大程度上影响数值计算精度。动床阻力的计算可采用以下一些方法。

（一）经验系数方法

根据河道内土地利用情况、地貌及植物生产情况综合确定，一般在天然大河流河道中，曼宁系数的取值范围为0.02～0.16[16]。

（二）黄委计算公式[156]

$$n = \frac{c_n\delta_*}{\sqrt{g}h^{5/6}}\left\{0.49\left(\frac{\delta_*}{h}\right)^{0.77} + \frac{3\pi}{8}\left(1 - \frac{\delta_*}{h}\right)\left[\sin\left(\frac{\delta_*}{h}\right)^{0.2}\right]^{0.5}\right\}^{-1} \tag{2-55}$$

式中：δ_*为摩阻高度，$\delta_* = D_{50}10^{10[1-\sqrt{\sin(\pi Fr)}]}$，$D_{50}$为床沙中值粒径，$Fr$为Froude数，$Fr = \frac{\sqrt{u^2+v^2}}{gh}$；$c_n$为涡团参数，$c_n = 0.375\kappa$。

（三）曼宁系数随冲淤变化调整法[91]

随着河道的冲淤变化、床沙级配的粗化，曼宁系数也应随着变化。一般当河道淤积时，曼宁系数减小，当河道冲刷时，曼宁系数变大。计算中可根据冲淤变化情况对曼宁系数进行修正。曼宁系数随冲淤变化的关系式为

$$n' = n - C_m\frac{\Delta Z}{\Delta t} \tag{2-56}$$

式中：n为调整前的曼宁系数；n'为调整后的曼宁系数；C_m为经验系数；Δt为时间步长；ΔZ为一个时间步的冲淤厚度，冲刷时$\Delta Z < 0$，淤积时$\Delta Z > 0$。

当发生较强冲淤变化时，n的值可能很大或很小，与实际不符，因此在计算中对曼宁系数的变化可限制如下：

$$n = \begin{cases} 1.5n_0 & n > 1.5n_0 \\ 0.65n_0 & n < 0.65n_0 \end{cases} \tag{2-57}$$

式中：n_0为初始曼宁系数，可根据河道情况给定。

（四）曼宁系数调整自适应方法

在长河段、长时间数值模拟时，会出现以下一些问题：

（1）采用一些经验公式和经验系数，模拟结果往往与实测结果有一定出入，这时不得不调整公式或经验系数值，整个数值模拟过程不得不重新开始。而一个完整工况的计算往往需要数日甚至数十日，这种确定曼宁系数的试算方法，会浪费大量程序调试时间。

（2）长河段天然河流，在不同区域曼宁系数一般不同。若在整个河段采用同一个曼宁系数值或同一个经验公式，在部分区域会与实测结果有较大出入。

为了解决上述问题，本书创立了一种确定曼宁系数的区域分解自适应方法，具体思想如下：

(1)根据实测水位等资料将模拟河段分为几个子河段,各个子河段水面坡降不同。

(2)开始计算时,先给出各子河段 n 的猜测值。

(3)如果每个迭代步都修正 n 的值,将会造成计算过程的不稳定。为避免出现这种现象,可每隔若干步(如30步)修正一次 n 的值。

(4)如果该子河段水面坡降的计算值小于实测值,则 n 加大一定值(如0.000 5);反之,如果该子河段水面坡降的计算值大于实测值,则 n 减小一定值(如0.000 5)。

(5)经过若干步计算后,若 n 的值趋于稳定,这时该值即为曼宁系数的取值。

上述方法不但可以节约大量运算量,还可以根据实测结果在不同的子河段选取合适的曼宁系数值,使得计算结果尽可能地接近实测值。另外,本书在数值模拟时,还综合考虑前面提到的几种方法,使得曼宁系数的取值尽可能趋于合理。

二、悬移质水流挟沙力的计算

水流挟沙力是反映河床处于冲淤平衡状态下,水流挟带泥沙能力的综合性指标。水流挟沙力可以看成是在一定的水沙泥沙综合条件下,水流能挟带的悬移质中床沙质的临界含沙量。当水流中悬移质的床沙质含沙量超过了这一临界数时,水流处于超饱和状态,河床将发生淤积;反之,当水流中悬移质的床沙质含沙量不足这一临界值时,水流处于次饱和状态,河床将发生冲刷[158]。

悬移质水流挟沙力计算是泥沙数学模型的关键问题,公式的合理与否会直接影响河床冲淤计算的精度。关于水流挟沙力的研究,一直是河流泥沙研究中最为棘手的难题之一。多年来,国内外研究者对水流挟沙力问题进行了大量的研究,得到了不少关于水流挟沙力计算的理论的、半理论半经验的或经验的公式。现分均匀沙和非均匀沙,分别列举部分常用公式。

(一)均匀沙水流挟沙力公式

虽然天然河流悬移质泥沙都是非均匀沙,但有时为了计算简便,可以简化为均匀沙来处理。关于均匀沙悬移质挟沙力计算公式,常用的公式如下。

1. 张瑞瑾水流挟沙力公式[158]

张瑞瑾等在收集大量的长江、黄河及若干水库及室内水槽的资料的基础上,进行了理论分析,得到了著名的水流挟沙力公式,即

$$S^* = K\left(\frac{\overline{U}^3}{gR\omega}\right)^m \tag{2-58}$$

式中:R 为水力半径;$\overline{U}$为平均流速大小;ω 为泥沙沉速;K 和 m 分别为经验系数和指数,$K=0.22$,$m=0.76$。

2. 沙玉清水流挟沙力公式[156]

沙玉清在收集大量的资料的基础上,分析了影响挟沙力的主要因素,用回归分析的方法得到挟沙力公式:

$$S^* = \frac{KD_{50}}{\omega^{4/3}}\left(\frac{\overline{U} - U'_c}{\sqrt{R}}\right)^\beta \tag{2-59}$$

式中：U_c'为泥沙起动流速；β 为指数与水流 Froude 数，即 Fr 有关，计算如下：

$$\beta = \begin{cases} 2 & Fr < 0.8 \\ 3 & Fr \geqslant 0.8 \end{cases} \tag{2-60}$$

系数 K 的取值与水流挟沙力的饱和程度有关，当悬移质正常饱和时，$K=200$；当悬移质超饱和时，$K=400$；当悬移质次饱和时，$K=91$。

3. 杨志达水流挟沙力公式[156]

杨志达从单位水流功率的理论出发，建立了包括沙质推移质在内的床沙质水流挟沙力公式：

$$\lg S^* = a_1 + a_2 \lg \frac{\omega D_{50}}{\nu} + a_3 \lg \frac{u_*}{\omega} + \left(b_1 + b_2 \lg \frac{\omega D_{50}}{\nu} + b_3 \lg \frac{u_*}{\omega}\right) \lg\left(\frac{\overline{U} J_P}{\omega} - \frac{U_c J_P}{\omega}\right) \tag{2-61}$$

式中：J_P 为水力坡降；u_* 为摩阻流速，$u_* = \sqrt{ghJ_P}$；a_1、a_2、a_3、b_1、b_2、b_3 为系数，根据黄河上游资料，可以取：

$$a_1 = 3.501, \quad a_2 = -0.159, \quad a_3 = -0.02219$$
$$b_1 = 1.408, \quad b_2 = -0.4328, \quad b_3 = -0.04572$$

4. 黄河干支流水流挟沙力公式[158]

$$S^* = 1.07 \frac{\overline{U}^{2.25}}{R^{0.74} \omega^{0.77}} \tag{2-62}$$

式(2-62)是以黄河干流及部分支流的实测资料为基础推导出来的。

5. 扎马林渠道水流挟沙力公式[158]

$$S^* = \begin{cases} 0.22\left(\dfrac{\overline{U}}{\omega}\right)^{3/2} (RJ_P)^{1/2} & 0.002\ \text{m/s} < \omega < 0.008\ \text{m/s} \\ 11U\left(\dfrac{\overline{U}RJ_P}{\omega}\right)^{1/2} & 0.0004\ \text{m/s} < \omega < 0.002\ \text{m/s} \end{cases} \tag{2-63}$$

6. 武汉水利电力学院水流挟沙力公式[91]

吴保生等选用大量黄河野外实测资料，对国内外常见的具有代表性的公式进行了验证和比较，推荐了精度较高的公式，其中以武汉水利电力学院的公式形式比较简单，而且得到了普遍应用，即

$$S^* = 0.4515\left(\frac{\gamma}{\gamma_s - \gamma} \frac{\overline{U}^3}{gh\omega}\right)^{0.7414} \tag{2-64}$$

式中：γ、γ_s 分别为清水及泥沙比重。

7. 张红武水流挟沙力公式[156]

张红武等从水流能量消耗和泥沙悬浮功之间的关系出发，考虑了泥沙含量对卡门常数及泥沙沉速等影响，给出了以下半经验半理论的水流挟沙力公式，并经过较大范围的实测资料检验，具有较强的适应性。

$$S^* = 2.5\left[\frac{(0.0022 + S_v)\ \overline{U}^3}{\kappa \dfrac{\gamma_s - \gamma_m}{\gamma_m} gh\omega_s} \ln\left(\frac{h}{6D_{50}}\right)\right]^{0.62} \tag{2-65}$$

式中：κ 为卡门常数，与含沙量有关，$\kappa = 0.42\times[1-4.2\times(0.365-S_v)\sqrt{S_v}]$，$S_v$ 为垂线平均的体积比含沙量，即单位体积的水流所含泥沙的体积；γ_s 和 γ_m 分别为泥沙和浑水容重；D_{50} 为床沙中值粒径；ω_s 为群体沉速。

8. 李义天二维水流挟沙力公式[13]

目前，平面二维水流泥沙数学模型中水流挟沙力一般直接使用一维挟沙力公式或经过改进后的一维挟沙力公式。对二维水流挟沙力的研究相对较少。李义天根据长江中游河段的水沙资料，给出了二维水流挟沙力（床沙质）的计算公式：

$$S^* = K\left(0.1 + \frac{90\omega}{\overline{U}}\right)\frac{\overline{U}^3}{gh\omega} \tag{2-66}$$

其中，$K = 0.5$。

作者通过数值模拟研究发现，以上计算水流挟沙力的公式中，张红武公式能适用于不同工况，具有一定的普遍适用性。这是因为该公式综合考虑了含沙量、流速、水深、泥沙相对密度、泥沙群体沉速、床沙粗糙程度等因素对水流挟沙力的影响，适用范围较广。因此，本书在进行水沙数值模拟时，拟采用张红武公式（2-65）计算悬移质总水流挟沙力 S^*。

（二）非均匀沙水流挟沙力公式

关于天然非均匀沙水流挟沙力的计算，可采用以下一些途径。

1. 不进行分组，直接按均匀沙挟沙力公式计算

可利用前面所列举的一些水流挟沙力公式直接计算非均匀沙挟沙力，不进行分组，其中泥沙粒径和沉速分别采用平均粒径及平均沉速。然而，由于天然河流尤其是黄河上游河段，悬移质泥沙粒径分布范围较宽，用单一的代表粒径及其沉速公式计算水流挟沙力，会与实际有较大出入。

2. 分粒径组计算各粒径组水流挟沙力，再求和

为了避免计算水流挟沙力与实际挟沙力的误差，可以先分粒径组按上述水流挟沙力公式分别计算水流挟沙力 S_L^*，再求和得到总的水流挟沙力，即 $S^* = \sum S_L^*$。

然而，在天然河流中，水流的实际挟沙力是非常复杂的，既有含沙量大小的问题，又有泥沙粗细的问题。由于粗颗粒泥沙较细颗粒泥沙易于淤积且难以冲刷，在河床有冲淤变化时，床沙及悬沙粒径级配总是沿程变化并随时间而变化的。而上述两种方法只能计算含沙量的沿程变化，而不能计算泥沙粒配的沿程变化。因此，有必要引入计算分组水流挟沙力的方法和公式。

3. Hec－6 模型方法[159]

美国陆军工程师兵团研制的 Hec－6 模型中有关求分组水流挟沙力的基本方法是：先求每一粒径组均匀泥沙的可能水流挟沙力，即全部床沙均为某种均匀泥沙的水流挟沙力 S_{pL}，再按床沙级配曲线求这一粒径组在床沙中的含量百分比 P_{bL}，两者的乘积即为这一粒径的分组水流挟沙力。以张瑞瑾水流挟沙力公式（2-58）为例，有

$$S_L^* = P_{bL}S_{pL} = P_{bL}K\left(\frac{\overline{U}^3}{gR\omega_L}\right)^m \tag{2-67}$$

用式（2-58）分别除上述等式两边，有

$$p_L^* = P_{bL}\left(\frac{\omega}{\omega_L}\right)^m \tag{2-68}$$

可见,水流挟沙力级配 p_L^* 只与床沙级配及该粒径组沉速 ω_L 与平均沉速 ω 的比值有关,而与其他水力要素无任何关系,这一点不够合理。

4. 黄河水利科学研究院模型方法[160]

河流中的泥沙主要由两部分组成,一部分是上游来水挟带而来,另一部分是由于水流的紊动扩散作用从床面上扩散而来。悬移质挟沙力级配也应该是来水来沙和河床条件的综合结果,即悬移质挟沙力级配 p_L^* 不仅与床沙级配 p_{bL} 有关,而且与来沙级配 p_L 有关,即

$$p_L^* = wp_L + (1 - w)p'_{bL} \tag{2-69}$$

其中

$$p'_{bL} = \frac{P_{bL}\left(\frac{\omega}{\omega_L}\right)^m}{\sum P_{bL}\left(\frac{\omega}{\omega_L}\right)^m} \tag{2-70}$$

权重因子 w 的取值可根据下式确定:

$$w = \begin{cases} \sqrt{\dfrac{\sum\limits_L (P_{bL}d_L)}{D_{50}}} & S^* > S \\ \sqrt{\dfrac{\sum\limits_L (p_L d_L)}{d_{50}}} & S^* \leqslant S \end{cases} \tag{2-71}$$

式中:d_{50}、D_{50} 分别为悬沙和床沙的中值粒径;S^*、S 分别为总的挟沙力和含沙量;d_L 为第 L 组泥沙直径。

另外,黄河水利科学研究院还给出了挟沙力权重因子 w 的取值范围:当河道淤积时,$0.624 < w < 0.853$;当河道冲刷时,$0.641 < w < 0.862$;当冲淤平衡时,$0.485 < w < 0.517$。

混合沙平均沉速 ω 与分粒径组沉速 ω_L 的关系为

$$\omega = \sum_L (\omega_L p_L^*) \tag{2-72}$$

这种方法计算水流挟沙力及其级配步骤为:

第一步,根据式(2-69)计算分组挟沙力级配 p_L^*;

第二步,根据式(2-72)计算混合沙平均沉速 ω;

第三步,根据均匀沙水流挟沙力公式,如式(2-58)、式(2-59)和式(2-62)等,计算出总的水流挟沙力 S^*;

第四步,计算分组水流挟沙力,可如下进行计算:

$$S_L^* = p_L^* S^* \tag{2-73}$$

黄河水利科学研究院模型方法综合考虑了床沙级配和来沙级配对水流挟沙力的影响,比较合理,本书拟采用该方法计算水流挟沙力及挟沙力级配。

三、泥沙沉速的计算

泥沙沉速是指泥沙在静止的清水中等速下沉时的速度。泥沙沉速在泥沙数学模型中

占有非常重要的地位，其计算的准确与否将直接决定数值模拟结果的精度。关于泥沙沉速的计算，国内外已有不少公式，现列举部分公式如下。

（一）Stokes 公式[161]

Stokes 对颗粒雷诺数 $Re_d = \dfrac{\omega d}{\gamma} < 0.5$ 的流动，忽略了 N-S 方程的惯性力项，推导出了球体在滞流区的沉速公式。

$$\omega = \frac{1}{18}\frac{\gamma_s - \gamma}{\gamma} g \frac{d^2}{\nu} \tag{2-74}$$

式中：d 为泥沙粒径，mm；ν 为水流运动黏性系数，cm^2/s。

上述公式在 Re_d 较小时（小于 0.5）是正确的，但随着 Re_d 数的进一步增大，利用上述公式会产生较大误差。

（二）冈恰洛夫公式[158]

$$\omega = \begin{cases} \dfrac{1}{24}\dfrac{\gamma_s - \gamma}{\gamma} g \dfrac{d^2}{\nu} & d < 0.15\ \text{mm（滞流区）} \\ 1.068\sqrt{\dfrac{\gamma_s - \gamma}{\gamma} gd} & d > 1.5\ \text{mm（紊流区）} \\ \beta \dfrac{g^{2/3} d}{\nu^{1/3}}\left(\dfrac{\gamma_s - \gamma}{\gamma}\right)^{2/3} & 0.15\ \text{mm} < d < 1.5\ \text{mm（过渡区）} \end{cases} \tag{2-75}$$

其中：$\beta = 0.081\left[\lg 83\left(\dfrac{3.7d}{d_0}\right)^{1-0.037T}\right]$；$T$ 为水温，℃；d_0 为选定粒径，$d_0 = 1.5$ mm。

（三）沙玉清公式[162]

在滞流区（$d < 0.1$ mm），泥沙沉速公式与 Stokes 公式相似，只是系数有所不同：

$$\omega = \frac{1}{24}\frac{\gamma_s - \gamma}{\gamma} g \frac{d^2}{\nu} \tag{2-76}$$

在紊流区（$d > 2$ mm），泥沙沉速公式与冈恰洛夫公式相似，但系数略有不同：

$$\omega = 1.14\sqrt{\frac{\gamma_s - \gamma}{\gamma} gd} \tag{2-77}$$

在过渡区（$0.1\ \text{mm} < d < 2\ \text{mm}$），泥沙沉速公式可用下式计算：

$$(\lg S'_a + 3.79)^2 + (\lg\varphi - 5.777)^2 = 39 \tag{2-78}$$

式中：S'_a 为泥沙的沉速判数；φ 为粒径判数。它们可分别计算如下：

$$S'_a = \frac{K\omega}{g^{\frac{1}{3}}\left(\dfrac{\gamma_s - \gamma}{\gamma}\right)^{1/3}\nu^{1/3}} \tag{2-79}$$

$$\varphi = \frac{g^{1/3}\left(\dfrac{\gamma_s - \gamma}{\gamma}\right)^{1/3} d}{\nu^{2/3}} \tag{2-80}$$

式中：K 为沉速比率，在过渡区的取值为 0.75。

通过求解关于 ω 的式（2-78），即可求得过渡区泥沙沉速。

(四)张瑞瑾公式[158]

张瑞瑾在研究泥沙的静水沉降问题时,根据阻力叠加原则,进行受力分析,并分析了大量的实测资料,得到以下沉速公式。

滞流区($Re_d<0.5$ 或常温下 $d<0.1$ mm):

$$\omega = \frac{1}{25.6}\frac{\gamma_s-\gamma}{\gamma}g\frac{d^2}{\nu} \tag{2-81}$$

紊流区($Re_d>1\ 000$ 或常温下 $d>4$ mm):

$$\omega = 1.044\sqrt{\frac{\gamma_s-\gamma}{\gamma}gd} \tag{2-82}$$

过渡区:($0.5<Re_d<1\ 000$ 或常温下 $0.1\ \text{mm}<d<4$ mm):

$$\omega = \sqrt{\left(C_1\frac{\nu}{d}\right)^2 + C_2\frac{\gamma_s-\gamma}{\gamma}gd} - C_1\frac{\nu}{d} \tag{2-83}$$

其中,$C_1=13.95$,$C_2=1.09$。

由于黄河含沙量变幅较大,含沙量对颗粒沉速的影响较大,一般在水流挟沙力计算中要对沉速进行修正。目前常用的修正方法有以下几种。

第一种为理查森和扎基公式[91]:

$$\omega = \omega_0(1-S_v)^m \tag{2-84}$$

式中:m 为待定指数,根据黄河实测资料,$m=7$;ω,ω_0 分别为浑水和清水中泥沙沉速;S_v 为体积比含沙量,它与含沙量 S 和泥沙密度 ρ_s 的关系为

$$S_v = \frac{S}{\rho_s} \tag{2-85}$$

第二种为明兹公式[16]:

当 $d>10$ mm 时

$$\omega = \omega_0\sqrt{(0.23S_v)^2+(1-S_v)^2} - 0.23S_v$$

当 $d<10$ mm 时

$$\omega = \omega_0\sqrt{(4.5S_v)^2+(1-S_v)^2} - 4.5S_v \tag{2-86}$$

第三种为张红武公式[158]:

$$\omega = \omega_0\left[\left(1-\frac{S_v}{2.25\sqrt{d}}\right)^{3.5}(1-1.25S_v)\right] \tag{2-87}$$

式中:d 为泥沙粒径,mm。

本书在计算泥沙沉速时,将对上述公式进行对比分析,选择合适的泥沙沉速公式并进行修正。

四、推移质输沙率的计算

在泥沙模块计算中,要计算推移质输移引起的河床变形,一般先要计算推移质输沙率。在一定的水流和泥沙条件下,单位时间通过过水断面的推移质数量,称为推移质输沙率。对天然河流来说,由于过水断面内水流条件沿河宽变化很大,单位时间内通过单位宽

度的推移质数量相差较大，在工程上常用单位时间内通过单位宽度的数量，即单宽输沙率来表征推移质输移强度，常用单位为 kg/(m·s)或 t/(m·s)。

推移质输沙率问题是一个非常复杂的问题，由于缺乏从天然河道中对推移质输沙率的较为精确的测量工具，关于推移质的运移规律目前还了解得不太清楚。因此，关于推移质输沙率的研究是河流动力学的重要研究课题之一。目前关于推移质输沙率的计算，已有不少研究成果。和悬移质水流挟沙力的计算一样，推移质输沙率的计算公式也可分为两种类型，即均匀推移质输沙率公式和非均匀推移质输沙率公式，现分别进行讨论。

（一）均匀推移质输沙率公式

虽然天然河流中的推移质都是非均匀的，但为了计算方便，可以选出代表粒径，按均匀推移质来进行计算。关于均匀推移质输沙率的计算，常见的计算公式如下。

1. 梅叶-彼得公式(Meyer-Peter,1948)[158]

$$g_b = \frac{\left[\left(\frac{K_s}{K_n}\right)^{3/2}\gamma hJ - 0.047(\gamma_s - \gamma)d_m\right]^{3/2}}{0.125\rho^{1/2}\frac{\gamma_s - \gamma}{\gamma}} \tag{2-88}$$

式中：J 为水力坡降；K_s 为河床的粗糙系数；K_n 为河床平整条件下的沙粒曼宁系数，计算如下：

$$K_n = \frac{d_{90}^{1/6}}{26} \tag{2-89}$$

式中：d_{90}为粒配曲线中 90% 较之为小的推移质颗粒的粒径。

上述公式是以拖曳力 $\tau_0 = \gamma hJ$ 为主要参数的推移质输沙率公式，式中的基本单位为 kg、m、s，其中 γ、γ_s 的单位为 N /m³。该公式应用范围较广，可用于粗沙和卵石河床。

2. 冈恰洛夫早期推移质输沙率公式[158]

$$g_b = 2.08d(\overline{U} - U_c)\left(\frac{\overline{U}}{U_c}\right)^3\left(\frac{d}{h}\right)^{1/10} \tag{2-90}$$

式中：U_c 为泥沙的起动流速。

3. 沙莫夫公式[158]

$$g_b = 0.95d^{\frac{1}{2}}(\overline{U} - U_c')\left(\frac{\overline{U}}{U_c'}\right)^3\left(\frac{d}{h}\right)^{1/4} \tag{2-91}$$

式中：U_c'为泥沙止动流速，$U_c' = \frac{1}{1.2}U_c = 3.83d^{1/3}h^{1/6}$。

沙莫夫公式对于平均粒径小于 0.2 mm 的泥沙的推移质输沙率不适用。

4. Einstein 公式[158]

$$1 - \frac{1}{\sqrt{\pi}}\int_{-B_*\Psi-\frac{1}{\eta_0}}^{B_*\Psi-\frac{1}{\eta_0}} e^{-t^2}dt = \frac{A_*\Phi}{1 + A_*\Phi} \tag{2-92}$$

式中：Φ 为无量纲推移质输沙率（或称推移质输沙强度函数），与单宽推移质输沙率的关系为

$$\Phi = \frac{g_b}{\rho_s d \sqrt{\frac{\rho_s - \rho}{\rho} g d}} \tag{2-93}$$

Ψ 为水流强度函数，Ψ 及其他参数的意义详见文献[158]。

Einstein 推移质输沙率公式，是利用统计法则建立起来的输沙率公式，理论比较完整，但含有诸多参数，计算不太方便。

5. 张瑞瑾公式[4]

张瑞瑾根据沙坡高度及运行速度的关系式，求得了单宽推移质输沙率公式为

$$g_b = \beta \frac{\alpha \rho_s' U^4}{g^{3/2} h^{1/4} d^{1/4}} \tag{2-94}$$

式中：ρ_s'为泥沙干密度；α 为体积系数，可取 $\alpha = 0.5$；β 为经验系数，经与实测结果分析比较，在黄河上游可取 $\beta = 0.000\ 124$。

6. 窦国仁公式[92]

$$g_b = K_0 \frac{\gamma_s \widetilde{U} \overline{U}^3}{\frac{\gamma_s - \gamma}{\gamma} g \omega C_0^2} \tag{2-95}$$

式中：K_0 为经验系数，在黄河上游可取值为 0.001；C_0 为无因次谢才系数，$C_0 = \frac{h^{1/6}}{n\sqrt{g}}$，$n$ 为曼宁系数；$\widetilde{U}$的值可用下式进行计算：

$$\widetilde{U} = \begin{cases} \overline{U} - U_c & \overline{U} > U_c \\ 0 & \overline{U} \leqslant U_c \end{cases} \tag{2-96}$$

式中：U_c 为泥沙的起动流速，可按下式计算：

$$U_c = 0.265 \ln\left(\frac{11h}{\Delta}\right) \sqrt{\frac{\gamma_s - \gamma}{\gamma} g d + 0.19 \frac{\varepsilon_k + g h \delta}{d_{b50}}} \tag{2-97}$$

式中：d_{b50}为推移质颗粒的中值粒径；ε_k 为黏结力参数，对天然沙，$\varepsilon_k = 2.56\ \mathrm{cm^3/s^2}$；$\delta$ 为薄膜水厚，取值为 0.12×10^{-4} cm；Δ 为床面糙率高度，取值为

$$\Delta = \begin{cases} 0.5\ \mathrm{mm} & D_{50} \leqslant 0.5\ \mathrm{mm} \\ D_{50} & D_{50} > 0.5\ \mathrm{mm} \end{cases} \tag{2-98}$$

在计算卵石推移质的泥沙起动流速时，ε_k、δ 均可忽略不计。

（二）非均匀推移质输沙率公式

当前对非均匀推移质输沙率问题有两种不同的处理方法：第一种方法是找到一个合适的代表粒径，按均匀沙推移质公式来计算非均匀沙的总输沙率，前面所述公式仍然适用；第二种方法是将推移质按粒径大小进行分组，分组计算各粒径组推移质输沙率，求和得到总的推移质输沙率。

1. 直接用均匀推移质输沙率公式进行计算

该方法的关键是选择代表粒径。Einstein 根据一些小河的实测资料和水槽的试验成

果，建议在使用均匀推移质输沙率公式中应选用 d_{35} 作为代表粒径；Meyer 和 Peter 则建议用床沙组成的平均粒径 d_m 作为粒径代表；钱宁的结论是对于低强度输沙，用 d_m 较为合适，对于高强度输沙，用 d_m 和 d_{35} 计算结果是相同的[158]。

2. 分组计算非均匀推移质输沙率的方法

这种方法需要把推移质按粒径大小分成若干组，每一粒径组选择适合的代表粒径，计算出各粒径组推移质输沙率，然后求和得出总的推移质输沙率。该方法一般不能直接套用上述均匀推移质输沙率公式计算各粒径组推移质输沙率，需加以改进。如 Einstein[158] 曾将均匀推移质输沙率公式扩展用于计算非均匀推移质输沙率。Einstein 采用分粒径组计算的方法，得出了适用于床沙组成中各粒径级的推移质输沙率公式：

$$1 - \frac{1}{\sqrt{\pi}}\int_{-B_*\Psi_*-\frac{1}{\eta_0}}^{B_*\Psi_*-\frac{1}{\eta_0}} e^{-t^2}dt = \frac{A_*\Phi_*}{1+A_*\Phi_*} \tag{2-99}$$

式中：$\Phi_* = \frac{i_b}{i_0}\Phi$，$i_b$、$i_0$ 分别为推移质及床沙中该粒径组泥沙所占百分比；$\Psi_* = \frac{Y\xi\beta^2}{\theta\beta_x^2}\Psi$，$Y$、$\xi$、$\beta$、$\beta_x$、$\theta$ 都是考虑非均匀沙而引进的修正参数。

该方法需要计算的参数较多，计算非常烦琐。

本书在泥沙模块中计算推移质引起的河床变形时，将综合考虑上述各种公式，进行对比分析，选用合适的方法来计算推移质输沙率。

五、泥沙扩散系数的计算

在悬移质泥沙输移方程(2-21)中 x 方向和 y 方向的泥沙紊动扩散系数分别为 ε_x、ε_y，对于天然河流来说，为了简化计算，常常令它们相等，统一用 ε_f 来表示，不会引起较大误差。

设 $\theta = \frac{\omega}{\kappa u_*}$ 为泥沙悬浮指标，当 $\theta < 1$ 时，可近似用紊动黏性系数 ν_t 代替 ε_f，一般不会引起太大误差[112]。其中，$u_* = \sqrt{\rho hJ}$ 为摩阻流速。对于本书所模拟河段来说，经过计算，$\theta \ll 1$。因此，可以令 $\varepsilon_x = \varepsilon_y = \nu_t$。

六、恢复饱和系数的计算

在非均匀悬移质输移方程(2-21)及河床变形方程(2-23)中都出现了恢复饱和系数 α_L。恢复饱和系数的选择，将直接决定悬移质泥沙模拟结果的精度，在河床变形计算中发挥重要作用。然而，该值的选取，截至目前尚无定论。一般根据实测结果在数值模拟中经过反复调试确定。

在分粒径组计算时，若对 α_L 在各粒径组中都取相同的值，会出现一些问题[91]：在同一子断面上，小粒径组相对于大粒径组来说，其冲淤量可以忽略不计；当发生冲刷时，较粗的粒径组冲起得比较快，从而河床发生细化。这些现象与实际结果完全不符。因此，在武汉水利电力学院韦直林模型中[91]，给出以下公式。

在河床变形方程(2-23)中，取

$$\alpha_L = \begin{cases} 0.001/\omega_L^{0.3} & S_L > S_L^* \\ 0.001/\omega_L^{0.7} & S_L \leqslant S_L^* \end{cases} \tag{2-100}$$

而在悬移质输移方程(2-21)中,取

$$\alpha_L = 0.001/\omega_L^{0.5} \tag{2-101}$$

其中,泥沙沉速的单位为 m/s。

本书在泥沙模块计算中,也将参考上述取值,通过调试,对不同粒径组泥沙选用合理的恢复饱和系数值。

第三节　三维紊流水流数学模型

由于平面二维数学模型无法真正反映本身是三维运动的水流运动,尤其是在弯道段更是如此。本书除在整个河段进行平面二维数值模拟外,还对该河段局部弯道段进行三维数值模拟研究。以下对所用数学模型进行介绍。

一、直角坐标系下标准 $k-\varepsilon$ 紊流水流模型的控制方程

在直角坐标系下,三维非恒定不可压缩流体标准 $k-\varepsilon$ 紊流模型控制方程由连续性方程、动量方程、k 方程和 ε 方程组成。为了书写方便,现写出张量形式的控制方程如下。

连续性方程:

$$\frac{\partial u_i}{\partial x_i} = 0 \tag{2-102}$$

动量方程:

$$\frac{\partial u_1}{\partial t} + \frac{\partial}{\partial x_j}(u_1 u_j) = \frac{\partial}{\partial x_j}\left[(\nu + \nu_t)\frac{\partial u_1}{\partial x_j}\right] - \frac{1}{\rho}\frac{\partial p}{\partial x_1} \tag{2-103}$$

$$\frac{\partial u_2}{\partial t} + \frac{\partial}{\partial x_j}(u_2 u_j) = \frac{\partial}{\partial x_j}\left[(\nu + \nu_t)\frac{\partial u_2}{\partial x_j}\right] - \frac{1}{\rho}\frac{\partial p}{\partial x_2} \tag{2-104}$$

$$\frac{\partial u_3}{\partial t} + \frac{\partial}{\partial x_j}(u_3 u_j) = \frac{\partial}{\partial x_j}\left[(\nu + \nu_t)\frac{\partial u_3}{\partial x_j}\right] - \frac{1}{\rho}\frac{\partial p}{\partial x_3} - g \tag{2-105}$$

k 方程:

$$\frac{\partial k}{\partial t} + \frac{\partial}{\partial x_j}(k u_j) = \frac{\partial}{\partial x_j}\left[\left(\nu + \frac{\nu_t}{\sigma_k}\right)\frac{\partial k}{\partial x_j}\right] + G_k - \varepsilon \tag{2-106}$$

ε 方程:

$$\frac{\partial \varepsilon}{\partial t} + \frac{\partial}{\partial x_j}(\varepsilon u_j) = \frac{\partial}{\partial x_j}\left[\left(\nu + \frac{\nu_t}{\sigma_\varepsilon}\right)\frac{\partial \varepsilon}{\partial x_j}\right] + C_{1\varepsilon}\frac{\varepsilon}{k}G_k - C_{2\varepsilon}\frac{\varepsilon^2}{k} \tag{2-107}$$

式中:下标 j 相同时表示对 $j=1,2,3$ 求和;u_1、u_2、u_3 分别为 x_1、x_2、x_3 方向(即 x、y、z 方向)的 Reynolds 时均流速;p 为时均动水压强;ρ 为水的密度;t 为时间;k 为紊动动能;ε 为紊动动能的耗散率;ν 为水流的运动黏性系数;ν_t 为紊动黏性系数,可由式(2-11)确定;G_k 为紊动动能产生项,可由下式确定:

$$G_k = 2\nu_t S_{ij} S_{ij} = \nu_t\left[2\left(\frac{\partial u_i}{\partial x_i}\right)^2 + \left(\frac{\partial u_i}{\partial x_j} + \frac{\partial u_j}{\partial x_i}\right)^2\right] \tag{2-108}$$

其中

$$S_{ij} = \frac{1}{2}\left(\frac{\partial u_i}{\partial x_j} + \frac{\partial u_j}{\partial x_i}\right) \tag{2-109}$$

S_{ij}为平均应变率张量。

在标准 $k-\varepsilon$ 模型中,有关常数 C_μ、σ_k、σ_ε、$C_{1\varepsilon}$、$C_{2\varepsilon}$的取值如表 2-1所示。

二、直角坐标系下三维可实现 $k-\varepsilon$ 模型的控制方程

标准 $k-\varepsilon$ 模型的一个缺点是当时均应变率较大时,模型在物理上不满足可实现条件。由式(1-8),Reynolds 正应力 R_{11}计算如下:

$$R_{11} = -\rho\,\overline{u'_1 u'_1} = -\frac{2}{3}\rho k + 2\eta_t \frac{\partial u_1}{\partial x_1} \tag{2-110}$$

而由式(2-11),有 $\eta_t = \rho\nu_t = \dfrac{C_\mu \rho k^2}{\varepsilon}$。因此,当时均变率$\dfrac{\partial u_1}{\partial x_1}$较大时,即当$\dfrac{\partial u_1}{\partial x_1} > \dfrac{1}{3C_\mu}\dfrac{\varepsilon}{k} \approx 3.7\dfrac{\varepsilon}{k}$时,会出现$\overline{u'_1 u'_1} = \overline{(u'_1)^2} < 0$,即脉动流速平方的时均值为负数,这不可能实现。

另外,标准 $k-\varepsilon$ 模型的 ε 方程具有奇异性,即当 k 接近或等于零时,方程右边最后两项会很大甚至为无穷大。这样会导致计算无法进行下去。基于上述原因,可实现 $k-\varepsilon$ 模型对标准 $k-\varepsilon$ 模型进行了修正,其中 ε 方程变为[18]

$$\frac{\partial \varepsilon}{\partial t} + \frac{\partial}{\partial x_j}(\varepsilon u_j) = \frac{\partial}{\partial x_j}\left[\left(\nu + \frac{\nu_t}{\sigma_\varepsilon}\right)\frac{\partial \varepsilon}{\partial x_j}\right] + C_1 S\varepsilon + C_2\frac{\varepsilon^2}{k + \sqrt{\nu\varepsilon}} \tag{2-111}$$

而其他方程没有变化。

除 ε 方程的上述变化外,可实现 $k-\varepsilon$ 模型还采用了新的紊动黏性系数公式。虽然紊动黏性系数计算公式仍为式(2-11),但是参数 C_μ 不再是常数,而是采用下述公式求得:

$$C_\mu = \frac{1}{A_0 + A_s U^* \dfrac{k}{\varepsilon}} \tag{2-112}$$

其中,$A_0 = 4.04$,$A_s = \sqrt{6}\cos\phi$,$\phi = \dfrac{1}{3}\arccos(\sqrt{6}\,W)$,$W = \dfrac{S_{ij}S_{jk}S_{ki}}{S}$,$S = \sqrt{2S_{ij}S_{ij}}$,$U^* = \sqrt{S_{ij}S_{ij} + \overline{\overline{\Omega}}_{ij}\overline{\overline{\Omega}}_{ij}}$,$\overline{\overline{\Omega}}_{ij} = \Omega_{ij} - 2\varepsilon_{i,j,k}\omega_k$,$\Omega_{ij} = \overline{\Omega}_{ij} - \varepsilon_{i,j,k}\omega_k$,这里$\overline{\Omega}_{i,j}$为从角速度为 ω_k 的参考系中观察到的时均转动速率,对于弯道水流来说,$\overline{\overline{\Omega}}_{i,j} = 0$;其他有关参数取值为:$\sigma_k = 1.0$,$\sigma_\varepsilon = 1.2$,$C_1 = \max\left\{0.43, \dfrac{\overline{\eta}}{5+\overline{\eta}}\right\}$,$C_2 = 1.9$,$\overline{\eta} = \dfrac{Sk}{\varepsilon}$。

可实现 $k-\varepsilon$ 模型方程与标准 $k-\varepsilon$ 模型方程相比,其中 k 方程相似,但是紊动黏性系数的计算有所不同,使得模型满足现实性条件,而 ε 方程有很大不同,其源项不再与湍动能 k 的生成项 G_k 有关,另外采用了新的涡黏公式,使得 C_μ 不再是常数,而与时均变量及涡黏变量 k 和 ε 发生联系,从而使 Reynolds 应力和床面切应力满足现实性条件。

在笛卡儿直角坐标系下可实现 $k-\varepsilon$ 模型的控制方程可写为以下统一形式:

$$\frac{\partial \Phi}{\partial t} + \frac{\partial}{\partial x}(u\Phi) + \frac{\partial}{\partial y}(v\Phi) + \frac{\partial}{\partial z}(w\Phi) = \frac{\partial}{\partial x}\left(\Gamma_\Phi \frac{\partial \Phi}{\partial x}\right) + \frac{\partial}{\partial y}\left(\Gamma_\Phi \frac{\partial \Phi}{\partial y}\right) + \frac{\partial}{\partial z}\left(\Gamma_\Phi \frac{\partial \Phi}{\partial z}\right) + S_\Phi \tag{2-113}$$

其中,不同变量、扩散系数 Γ_Φ 和源项 S_Φ 所代表的物理量如表 2-5 所示。

表 2-5 直角坐标系下可实现 $k-\varepsilon$ 模型通用控制方程中的变量、系数和源项

控制方程	Φ	Γ_Φ	S_Φ
连续性方程	1	0	0
x 动量方程	u	$\nu + \nu_t$	$-\frac{1}{\rho}\frac{\partial p}{\partial x}$
y 动量方程	v	$\nu + \nu_t$	$-\frac{1}{\rho}\frac{\partial p}{\partial y}$
z 动量方程	w	$\nu + \nu_t$	$-\frac{1}{\rho}\frac{\partial p}{\partial z} - g$
k 方程	k	$\nu + \frac{\nu_t}{\sigma_k}$	$G_k - \varepsilon$
ε 方程	ε	$\nu + \frac{\nu_t}{\sigma_\varepsilon}$	$C_1 S\varepsilon - C_2 \frac{\varepsilon^2}{k + \sqrt{\nu\varepsilon}}$

三、$\xi-\eta-\zeta$ 坐标系下三维可实现 $k-\varepsilon$ 紊流模型

由于天然河流边界曲折,地形复杂,这给区域离散及数值计算带来一定难度。本书采用 $\xi-\eta-\zeta$ 坐标变换,即在水平方向仍采用平面二维数学模型所采用的 $\xi-\eta$ 坐标,在垂直方向采用等分网格变换。自由水面利用平面二维数学模型进行计算,用计算水位作为物理区域的表面,并以沿这一曲面作为“刚盖”来近似自由表面。

从物理区域上任一点 (x,y,z) 变换为计算域上点 (ξ,η,ζ) 的坐标变换关系为

$$\xi = \xi(x,y), \quad \eta = \eta(x,y), \quad \zeta = \zeta(x,y,z) \tag{2-114}$$

则坐标变换公式为

$$J = (x_\xi y_\eta - x_\eta y_\xi) z_\zeta \tag{2-115}$$

$$\xi_x = \frac{y_\eta z_\zeta}{J}, \quad \xi_y = \frac{-x_\eta z_\zeta}{J}, \quad \xi_z = 0 \tag{2-116}$$

$$\eta_x = \frac{-y_\xi z_\zeta}{J}, \quad \eta_y = \frac{x_\xi z_\zeta}{J}, \quad \eta_z = 0 \tag{2-117}$$

$$\zeta_x = \frac{y_\xi z_\eta - y_\eta z_\xi}{J}, \quad \zeta_y = \frac{x_\eta z_\xi - x_\xi z_\eta}{J}, \quad \zeta_z = \frac{1}{z_\xi} \tag{2-118}$$

对于任意变量 Φ,其变换遵循以下链导法则:

$$\Phi_x = \Phi_\xi \xi_x + \Phi_\eta \eta_x + \Phi_\zeta \zeta_x \tag{2-119}$$

$$\Phi_y = \Phi_\xi \xi_y + \Phi_\eta \eta_y + \Phi_\zeta \zeta_y \tag{2-120}$$

$$\Phi_z = \Phi_\xi \xi_z + \Phi_\eta \eta_z + \Phi_\zeta \zeta_z \tag{2-121}$$

采用 $\xi-\eta-\zeta$ 坐标变换,可将三维可实现 $k-\varepsilon$ 紊流模型通用控制方程化为如下形

式：

$$\frac{\partial \Phi}{\partial t}+\frac{\partial}{\partial \xi}(\widetilde{U}\Phi)+\frac{\partial}{\partial \eta}(\widetilde{V}\Phi)+\frac{\partial}{\partial \zeta}(\widetilde{W}\Phi)=$$

$$\frac{\partial}{\partial \xi}\left(\widetilde{A}\Gamma_{\Phi}\frac{\partial \Phi}{\partial \xi}\right)+\frac{\partial}{\partial \eta}\left(\widetilde{B}\Gamma_{\Phi}\frac{\partial \Phi}{\partial \eta}\right)+\frac{\partial}{\partial \zeta}\left(\widetilde{C}\Gamma_{\Phi}\frac{\partial \Phi}{\partial \zeta}\right)+S_{\Phi}(\xi,\eta,\zeta) \tag{2-122}$$

式中：Φ 为通用变量；$\widetilde{U}$、$\widetilde{V}$、$\widetilde{W}$分别为 ξ、η、ζ 方向的流速分量；Γ_{Φ} 为扩散系数；S_{Φ} 为源项，Φ、Γ_{Φ}、S_{Φ} 的意义如表 2-6 所示。

表 2-6 适体坐标系下可实现 $k-\varepsilon$ 模型通用控制方程中的变量、系数和源项

控制方程	Φ	Γ_{Φ}	S_{Φ}
连续性方程	1	0	0
x 动量方程	u	$\nu+\nu_t$	$S_{u0}+S_{u1}$
y 动量方程	v	$\nu+\nu_t$	$S_{v0}+S_{v1}$
z 动量方程	w	$\nu+\nu_t$	$S_{w0}+S_{w1}$
k 方程	k	$\nu+\dfrac{\nu_t}{\sigma_k}$	$S_{k0}+S_{k1}$
ε 方程	ε	$\nu+\dfrac{\nu_t}{\sigma_{\varepsilon}}$	$S_{\varepsilon 0}+S_{\varepsilon 1}$

其中：

$$\widetilde{U}=u\xi_x+v\xi_y,\quad \widetilde{V}=u\eta_x+v\eta_y,\quad \widetilde{W}=u\zeta_x+v\zeta_y+w\zeta_z \tag{2-123}$$

$$\widetilde{A}=\xi_x^2+\xi_y^2,\quad \widetilde{B}=\eta_x^2+\eta_y^2,\quad \widetilde{C}=\zeta_x^2+\zeta_y^2+\zeta_z^2 \tag{2-124}$$

$$S_{u0}=-\frac{1}{\rho}\frac{\partial p}{\partial x}=-\frac{1}{\rho}\left(\frac{\partial p}{\partial \xi}\xi_x+\frac{\partial p}{\partial \eta}\eta_x+\frac{\partial p}{\partial \zeta}\zeta_x\right) \tag{2-125}$$

$$S_{v0}=-\frac{1}{\rho}\frac{\partial p}{\partial y}=-\frac{1}{\rho}\left(\frac{\partial p}{\partial \xi}\xi_y+\frac{\partial p}{\partial \eta}\eta_y+\frac{\partial p}{\partial \zeta}\zeta_y\right) \tag{2-126}$$

$$S_{w0}=-\frac{1}{\rho}\frac{\partial p}{\partial z}-g=-\frac{1}{\rho}\frac{\partial p}{\partial \zeta}\zeta_z-g \tag{2-127}$$

$$S_{k0}=G_k-\varepsilon,\ S_{\varepsilon 0}=C_1S\varepsilon-C_2\frac{\varepsilon^2}{k+\sqrt{\nu\varepsilon}} \tag{2-128}$$

$$\begin{aligned}S_{\Phi 1}=&\frac{\partial}{\partial \xi}[(\xi_x\eta_x+\xi_y\eta_y)\Gamma_{\Phi}\Phi_{\eta}+(\xi_x\zeta_x+\xi_y\zeta_y)\Gamma_{\Phi}\Phi_{\zeta}]+\\&\frac{\partial}{\partial \eta}[(\zeta_x\eta_x+\zeta_y\eta_y)\Gamma_{\Phi}\Phi_{\zeta}+(\xi_x\eta_x+\xi_y\eta_y)\Gamma_{\Phi}\Phi_{\xi}]+\\&\frac{\partial}{\partial \zeta}[(\zeta_x\xi_x+\zeta_y\xi_y)\Gamma_{\Phi}\Phi_{\xi}+(\eta_x\zeta_x+\eta_y\zeta_y)\Gamma_{\Phi}\Phi_{\eta}]\end{aligned} \tag{2-129}$$

式中：Φ 为通用变量，可代表 1、u、v、w、k、ε；G_k、S、C_1、C_2 的含义同前。

将式(2-122)中的源项线性化处理，有

$$S_{\Phi}=S_A-S_B\Phi \tag{2-130}$$

第四节　小　结

本章对数值模拟时拟采用的数学模型作了系统介绍，主要包括平面二维水沙紊流数学模型和三维紊流水流数学模型。

第一节主要介绍了平面二维紊流水沙数学模型，即平面二维 RNG $k-\varepsilon$ 泥沙模型。该模型又分水流模块和泥沙模块，本节对两个模块中的控制方程及经过适体坐标变换后的控制方程作了详尽介绍。另外，还给出了考虑弯道环流影响的平面二维紊流水沙模型。

第二节对平面二维紊流水沙模型中的一些关键参数的处理方法进行了细致入微的介绍，包括曼宁系数、泥沙沉速、水流挟沙力、推移质输沙率、恢复饱和系数、泥沙扩散系数等。

第三节介绍了三维可实现 $k-\varepsilon$ 模型三维数学模型及其在适体坐标系下的控制方程。

第三章　数值计算方法及初边界条件的处理

本章对平面二维水沙运移数学模型及三维水流运动紊流数学模型进行数值求解中用到的一些关键技术和方法进行简要介绍，主要内容包括：将不规则物理区域变为规则计算区域所用的变换方法；控制方程进行离散所用的方法；求解 Navier-Stokes 方程的压力修正算法；为了解决出现锯齿形压力场而采用的解决办法；水流模块与泥沙模块的半耦合算法；离散方程组中源项的线性化处理方法；离散后的代数方程组及其求解方法；初边界条件的处理。为了简便起见，主要以平面二维水沙运移数学模型为主进行介绍。

第一节　适体坐标变换

由于天然河道边界一般不太规则，在直角坐标系下，复杂边界的区域离散难度较大。而利用适体坐标变换或采用适体坐标系，可将直角坐标系下较为复杂的物理区域变换为较为规则的计算区域，如在二维情形下可变为矩形计算区域，在三维情形下可变为长方体计算区域。首先，经过适体坐标变换，在规则的计算区域上进行区域剖分是非常方便的。其次，利用适体坐标变换还可根据需要随意加密或变粗网格。如在流速梯度较大的区域（如边界附近），可以适当加密网格，而在流速梯度较小的区域可以适当加粗网格，在提高精度的同时，还可以减小计算量。另外，在适体坐标系下，坐标轴与计算域的边界相一致，可控制网格线与边界平行或正交，这给边界条件的离散带来方便。

适体坐标系（BFC）是指坐标轴与所计算区域的边界一一相符合的坐标系，如图 3-1 所示。直角坐标系下物理区域 $ABCD$（见图 3-1（a））经过适体坐标变换后相应的适体坐标系下计算区域为 $A'B'C'D'$（见图 3-1（b）），物理平面上任一点 $P(x,y)$ 在计算平面上对于点的坐标为 $P'(\xi,\eta)$。

生成适体坐标系的方法有代数法和微分方程法，由于微分方程法生成的网格具有较好的性质（如正交性、适应性），并可根据需要随意加密网格，因此本书拟采用微分方程法建立适体坐标系。

适体坐标的网格生成问题，可以看成是椭圆型偏微分方程的边值问题。偏微分方程可选择为 Poisson 方程。对于二维问题，设 (ξ,η) 为与物理平面上点 (x,y) 对应的计算平面上的点，它们之间的关系由 Poisson 方程来描述：

$$\xi_{xx}+\xi_{yy}=P(\xi,\eta),\eta_{xx}+\eta_{yy}=Q(\xi,\eta) \tag{3-1}$$

式中：P、Q 为源函数，是用来调节区域内部网格分布及正交性的调节因子。

从数值计算的角度在计算区域上解方程比较方便。利用链导法则及函数与反函数之间的关系，可以得到在计算平面上与式（3-1）相对应的关于 (x,y) 的偏微分方程[19]：

$$\left.\begin{aligned}\alpha x_{\xi\xi}-2\beta x_{\xi\eta}+\gamma x_{\eta\eta}&=-J^2(Px_\xi+Qx_\eta)\\ \alpha y_{\xi\xi}-2\beta y_{\xi\eta}+\gamma y_{\eta\eta}&=-J^2(Py_\xi+Qy_\eta)\end{aligned}\right\} \tag{3-2}$$

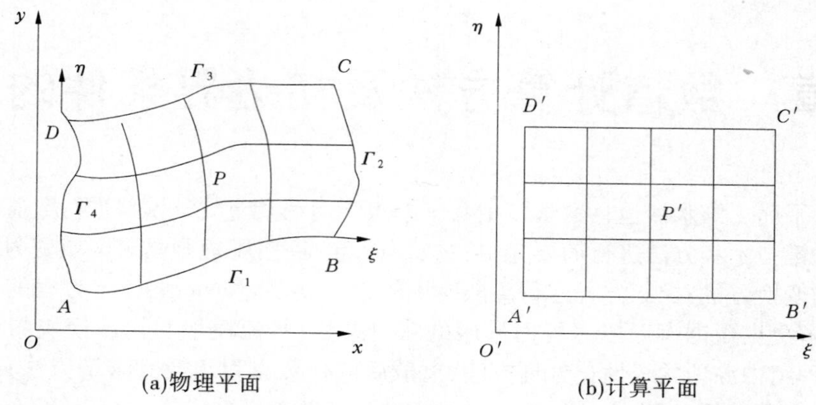

(a)物理平面　　(b)计算平面

图 3-1　适体坐标示意图

式中：J、α、β、γ 的计算如式(2-34)和式(2-37)所示。

关于源函数 P 和 Q 的选择，Thomas 与 Middlecoeff[163] 提出了一种可以控制网格线与边界正交的方法，且不需要任何试凑过程：

$$P(\xi,\eta) = \phi(\xi,\eta)(\xi_x^2 + \xi_y^2), \quad Q(\xi,\eta) = \psi(\xi,\eta)(\eta_x^2 + \eta_y^2) \tag{3-3}$$

其中

$$\phi(\xi,\eta) = -\frac{y_\xi y_{\xi\xi} + x_\xi x_{\xi\xi}}{\gamma}, \quad \psi(\xi,\eta) = -\frac{y_\eta y_{\eta\eta} + x_\eta x_{\eta\eta}}{\alpha} \tag{3-4}$$

将式(3-3)代入式(3-2)并整理可得：

$$\left.\begin{aligned}\alpha(x_{\xi\xi} + \phi x_\xi) - 2\beta x_{\xi\eta} + \gamma(x_{\eta\eta} + \psi x_\eta) = 0\\ \alpha(y_{\xi\xi} + \phi y_\xi) - 2\beta y_{\xi\eta} + \gamma(y_{\eta\eta} + \psi y_\eta) = 0\end{aligned}\right\} \tag{3-5}$$

取 ξ 方向和 η 方向的离散步长分别为 $\Delta\xi$ 和 $\Delta\eta$，ξ 方向和 η 方向的网格节点数分别为 M 和 N，则计算区域上任一节点的坐标为(ξ_i,η_j)，与之对应的物理区域上相应的节点为(x_i,y_j)，其中：

$$\xi_i = i\Delta\xi \quad (i = 1,2,\cdots,M), \quad \eta_j = j\Delta\eta \quad (j = 1,2,\cdots,N)$$

利用中心差分格式在内部节点离散上述微分方程，得到：

$$a_P f_P = a_E f_E + a_W f_W + a_S f_S + a_N f_N + b_P \tag{3-6}$$

式中：f 为通用变量，可以代表 x 或 y；点 P 为控制体中心节点；下标 E、W、S、N 分别代表点 P 的东、西、南、北邻点。

$$a_E = \alpha_P \frac{1 + \phi_P}{\Delta\xi^2}, \quad a_W = \alpha_P \frac{1 - \phi_P}{\Delta\xi^2}, \quad a_N = \gamma_P \frac{1 + \psi_P}{\Delta\eta^2}, \quad a_S = \gamma_P \frac{1 - \psi_P}{\Delta\eta^2}$$

$$a_P = a_E + a_W + a_N + a_S, \quad b_P = \frac{\beta_P}{2\Delta\xi\Delta\eta}(f_{NE}^0 - f_{NW}^0 - f_{SE}^0 + f_{SW}^0)$$

式中：f^0 表示上一迭代层次的值，下标 NE、NW、SE、SW 分别表示点 P 在东北、西北、东南、西南角的邻点。

附加边界条件后，通过求解上述代数方程组，即可求得物理区域上相应于计算区域上节点(ξ_i,η_j)的坐标(x_i,y_j)，从而实现对复杂区域的网格剖分。

第二节　控制方程的离散

一、有限体积法

有限体积法(Finite Volume Method,FVM)又称有限容积法或控制体积法,最早是由Patankar[122]在交错网格技术基础上进行研究的,进而发展成为一套用于数值传热学和流体力学领域中的实用的数值计算方法,已经成功解决了传热、传质、燃烧及流体流动过程中的很多实际问题。FVM的基本思想是将计算区域分成若干个互不重叠的控制体,每个控制体仅包含一个计算节点,然后将控制方程在每个控制体上积分,得到一组离散方程组成的代数方程组,通过求解相应代数方程组,得到物理量在节点处的值。FVM具有以下一些特点:

(1)与有限差分法不同,FVM的出发点是积分形式的控制方程;与有限元法有所不同,积分方程表示了物理量在控制体内的守恒特性。

(2)积分方程中的每一项都有明确的物理意义,从而在方程离散时,可以对各离散项给出一定的物理解释。

(3)区域离散的节点网格与进行积分的控制体互相独立,各节点有互不重叠的控制体,从而整个求解域中的场变量的守恒可以由各控制体中场变量的守恒来保证。

图3-2表示FVM的计算网格及其控制体积示意图。其中,实线交点为网格节点,代表节点用P表示,阴影部分表示节点P处的控制体,大写字母E、W、S、N分别表示点P的东、西、南、北相邻节点,EE、WW、SS、NN分别表示点P的东、西、南、北远邻点,小写字母e、w、s、n分别表示P控制体的东、西、南、北四个界面,控制体的长为$\Delta\xi$,宽为$\Delta\eta$,面积为$\Delta V = J_P\Delta\xi\Delta\eta$,其中$J_P$为坐标变换的Jacobi因子在点$P$处的值。

二、利用FVM对控制方程进行离散

本书采用FVM来实现对平面二维水沙运移模型和三维水流紊流模型控制方程的离散。为了简洁起见,现仅对适体坐标变换后二维水沙运移模型控制方程的通用形式式(2-35)写出FVM的离散过程。

根据图3-2所示的计算网格,在控制体积P上积分控制方程(2-35)可得

$$\int_{\Delta V}\frac{\partial}{\partial t}(h\Phi)\,\mathrm{d}V + \int_{\Delta V}\frac{1}{J}\frac{\partial}{\partial\xi}(hU\Phi)\,\mathrm{d}V + \int_{\Delta V}\frac{1}{J}\frac{\partial}{\partial\eta}(hV\Phi)\,\mathrm{d}V$$
$$= \int_{\Delta V}\frac{1}{J}\frac{\partial}{\partial\xi}\left(\frac{\alpha h\Gamma_\Phi}{J}\frac{\partial\Phi}{\partial\xi}\right)\mathrm{d}V + \int_{\Delta V}\frac{1}{J}\frac{\partial}{\partial\eta}\left(\frac{\gamma h\Gamma_\Phi}{J}\frac{\partial\Phi}{\partial\eta}\right)\mathrm{d}V + \int_{\Delta V}S_\Phi(\xi,\eta)\,\mathrm{d}V \tag{3-7}$$

下面针对式(3-7)中的各项分别进行积分计算。

(一)瞬时项

$$\int_{\Delta V}\frac{\partial}{\partial t}(h\Phi)\,\mathrm{d}V = \frac{(h_P\Phi_P - h_P^0\Phi_P^0)}{\Delta t}J_P\Delta\xi\Delta\eta \tag{3-8}$$

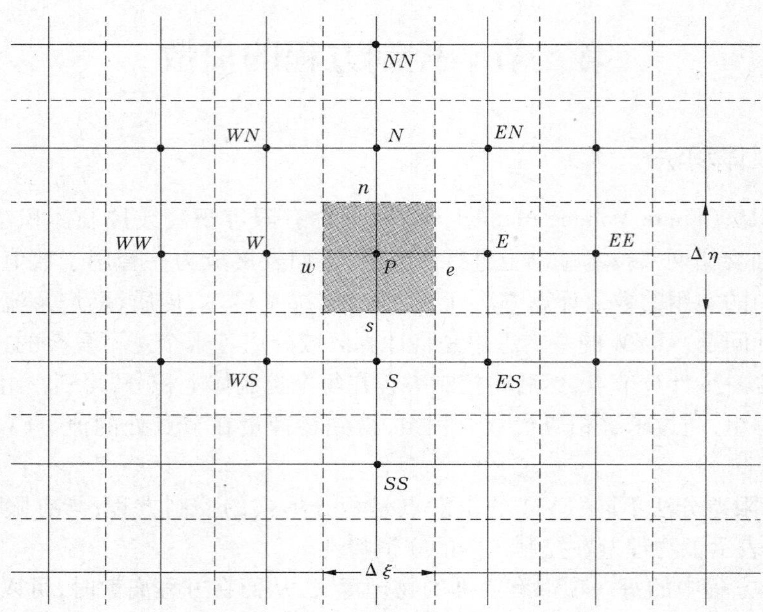

图 3-2　FVM 的计算网格及其控制体积

（实线的交点为网格节点，阴影部分为代表节点 P 的控制体积）

（二）对流项

$$\int_{\Delta V}\frac{1}{J}\frac{\partial}{\partial\xi}(hU\Phi)\mathrm{d}V+\int_{\Delta V}\frac{1}{J}\frac{\partial}{\partial\eta}(hV\Phi)\mathrm{d}V=\int_s^n\int_w^e\frac{\partial}{\partial\xi}(hU\Phi)\mathrm{d}\xi\mathrm{d}\eta+\int_w^e\int_s^n\frac{\partial}{\partial\eta}(hV\Phi)\mathrm{d}\eta\mathrm{d}\xi$$

$$=\int_s^n[(hU\Phi)_e-(hU\Phi)_w]\mathrm{d}\eta+\int_w^e[(hV\Phi)_n-(hV\Phi)_s]\mathrm{d}\xi$$

$$=E_e-E_w+E_n-E_s \tag{3-9}$$

其中

$$E_e=\int_s^n(hU\Phi)_e\mathrm{d}\eta,\quad E_w=\int_s^n(hU\Phi)_w\mathrm{d}\eta$$

$$E_n=\int_w^e(hV\Phi)_n\mathrm{d}\xi,\quad E_s=\int_w^e(hV\Phi)_s\mathrm{d}\xi$$

（三）扩散项

$$\int_{\Delta V}\frac{1}{J}\frac{\partial}{\partial\xi}\left(\frac{\alpha h\Gamma_\Phi}{J}\frac{\partial\Phi}{\partial\xi}\right)\mathrm{d}V+\int_{\Delta V}\frac{1}{J}\frac{\partial}{\partial\eta}\left(\frac{\gamma h\Gamma_\Phi}{J}\frac{\partial\Phi}{\partial\eta}\right)\mathrm{d}V$$

$$=\int_s^n\int_w^e\frac{\partial}{\partial\xi}\left(\frac{\alpha h\Gamma_\Phi}{J}\frac{\partial\Phi}{\partial\xi}\right)\mathrm{d}\xi\mathrm{d}\eta+\int_s^n\int_w^e\frac{\partial}{\partial\eta}\left(\frac{\gamma h\Gamma_\Phi}{J}\frac{\partial\Phi}{\partial\eta}\right)\mathrm{d}\xi\mathrm{d}\eta$$

$$=\left(\frac{\alpha h\Gamma_\Phi}{J}\frac{\partial\Phi}{\partial\xi}\right)_e\Delta\eta-\left(\frac{\alpha h\Gamma_\Phi}{J}\frac{\partial\Phi}{\partial\xi}\right)_w\Delta\eta+\left(\frac{\gamma h\Gamma_\Phi}{J}\frac{\partial\Phi}{\partial\eta}\right)_n\Delta\xi-\left(\frac{\gamma h\Gamma_\Phi}{J}\frac{\partial\Phi}{\partial\eta}\right)_s\Delta\xi$$

$$=\left(\frac{\alpha h\Gamma_\Phi}{J}\right)_e\frac{\Phi_E-\Phi_P}{(\delta\xi)_e}\Delta\eta-\left(\frac{\alpha h\Gamma_\Phi}{J}\right)_w\frac{\Phi_P-\Phi_W}{(\delta\xi)_w}\Delta\eta+$$

$$\left(\frac{\gamma h\Gamma_\Phi}{J}\right)_n\frac{\Phi_N-\Phi_P}{(\delta\eta)_n}\Delta\xi-\left(\frac{\gamma h\Gamma_\Phi}{J}\right)_s\frac{\Phi_P-\Phi_S}{(\delta\eta)_s}\Delta\xi \tag{3-10}$$

(四)源项

采用局部线性化处理的方法,即假定未知量在微小的变动范围内,源项 S_Φ 可以表示成该未知量的线性函数。在控制体积 P 上,有

$$S_\Phi = S_{\Phi C} + S_{\Phi P}\Phi_P \tag{3-11}$$

式中:$S_{\Phi C}$为常数部分;$S_{\Phi P}$为 S_Φ 随 Φ 变化的曲线在点 P 的切线斜率,一般要求 $S_{\Phi P}\leqslant 0$。

$$\int_{\Delta V} S_\Phi \mathrm{d}V = \int_{\Delta V}(S_{\Phi C} + S_{\Phi P}\Phi_P)\mathrm{d}V = J_P(S_{\Phi C} + S_{\Phi P}\Phi_P)\Delta\xi\Delta\eta \tag{3-12}$$

以下列出经线性化处理后的平面二维水沙运移模型各控制方程的源项。

1.ξ 方向动量方程

$$S_u = S_{uC} + S_{uP}u_P \tag{3-13}$$

$$S_{uP} = -\frac{gn^2\sqrt{u^2+v^2}}{h^{1/3}} \tag{3-14}$$

$$S_{uC} = -\frac{1}{J}gh(z_\xi y_\eta - z_\eta y_\xi) - \frac{1}{J}\frac{\partial}{\partial\xi}\left(\frac{\beta\Gamma_u h}{J}\frac{\partial u}{\partial\eta}\right) - \frac{1}{J}\frac{\partial}{\partial\eta}\left(\frac{\beta\Gamma_u h}{J}\frac{\partial u}{\partial\xi}\right) - \frac{1}{J^2}\frac{uL_\xi}{\sqrt{u^2+v^2}}\frac{\partial}{\partial\eta}(|\bar{u}|\bar{u}\phi) \tag{3-15}$$

2.η 方向动量方程

$$S_v = S_{vC} + S_{vP}v_P \tag{3-16}$$

$$S_{vP} = -\frac{gn^2\sqrt{u^2+v^2}}{h^{1/3}} \tag{3-17}$$

$$S_{vC} = -\frac{1}{J}gh(-z_\xi x_\eta + z_\eta x_\xi) - \frac{1}{J}\frac{\partial}{\partial\xi}\left(\frac{\beta\Gamma_v h}{J}\frac{\partial v}{\partial\eta}\right) - \frac{1}{J}\frac{\partial}{\partial\eta}\left(\frac{\beta\Gamma_v h}{J}\frac{\partial v}{\partial\xi}\right) - \frac{1}{J^2}\frac{vL_\xi}{\sqrt{u^2+v^2}}\frac{\partial}{\partial\eta}(|\bar{u}|\bar{u}\phi) \tag{3-18}$$

3.k 方程

$$S_k = S_{kC} + S_{kP}k_P \tag{3-19}$$

$$S_{kC} = -\frac{1}{J}\frac{\partial}{\partial\xi}\left(\frac{\beta\Gamma_v h}{J}\frac{\partial k}{\partial\eta}\right) - \frac{1}{J}\frac{\partial}{\partial\eta}\left(\frac{\beta\Gamma_v h}{J}\frac{\partial k}{\partial\xi}\right) + h(P_k + P_{kv}) \tag{3-20}$$

$$S_{kP} = -\frac{C_\mu h k_P^0}{\nu_t} \tag{3-21}$$

4.ε 方程

$$S_\varepsilon = S_{\varepsilon C} + S_{\varepsilon P}\varepsilon_P \tag{3-22}$$

$$S_{\varepsilon P} = -\frac{C_{2\varepsilon}h^0\varepsilon_P}{k_P} \tag{3-23}$$

$$S_{\varepsilon C} = -\frac{1}{J}\frac{\partial}{\partial\xi}\left(\frac{\beta\Gamma_v h}{J}\frac{\partial\varepsilon}{\partial\eta}\right) - \frac{1}{J}\frac{\partial}{\partial\eta}\left(\frac{\beta\Gamma_v h}{J}\frac{\partial\varepsilon}{\partial\xi}\right) + h\left(\frac{\varepsilon}{k}C_{1\varepsilon}^*P_k + P_{\varepsilon v}\right) \tag{3-24}$$

5.悬移质泥沙运移方程

$$S_{SL} = S_{SLC} + S_{SLP}S_{LP} \tag{3-25}$$

$$S_{SLC} = -\frac{1}{J}\frac{\partial}{\partial\xi}\left(\frac{\beta\Gamma_u h}{J}\frac{\partial S_L}{\partial\eta}\right) - \frac{1}{J}\frac{\partial}{\partial\eta}\left(\frac{\beta\Gamma_u h}{J}\frac{\partial S_L}{\partial\xi}\right) + \alpha_L\omega_L S_L^* \tag{3-26}$$

$$S_{SLP} = -\alpha_L \omega_L S_L \tag{3-27}$$

三、控制方程中对流项的离散

水沙运移数学模型的基本控制方程均为对流－扩散方程，其最高阶导数项，即扩散项为二阶。关于扩散项的离散，形式比较简单，可如同式(3-10)那样利用中心差分离散即可，可以达到二阶精度。虽然对流项是一阶导数项，但是从物理过程的特点来看，流体的对流作用具有强烈的方向性，因而对流项是最难离散处理的导数项。对该项的不同离散方式，将直接决定数值解的准确性、稳定性和经济性等性态。关于对流项的离散，常用的离散方式有以下几种。

（一）一阶迎风格式（FUS）及其他低阶格式

若对流项采用中心差分格式，当对流作用较强时，会出现物理上的不真实解。为了解决这个问题，早在20世纪50年代，就提出了迎风差分思想（Up-Wind Scheme），它充分考虑了流动方向对导数的差分计算式及界面上函数的取值方法的影响，稳定性较好，不会出现物理上的不真实解。因此，时至今日，迎风格式仍得到广泛应用，许多商业软件如FLUENT、Delft3D等，将一阶迎风格式作为差分格式的重要选项之一。

对平面二维水沙运移数学模型的控制方程(2-35)，利用FVM离散后对流项变为式(3-9)，现写出一阶迎风格式如下：

$$E_e = \int_s^n (hU\Phi)_e \mathrm{d}\eta \approx (hU\Phi)_e \Delta\eta = \begin{cases} (hU)_e \Delta\eta \Phi_E & U_e < 0 \\ (hU)_e \Delta\eta \Phi_P & U_e \geqslant 0 \end{cases} \tag{3-28}$$

$$E_w = \int_s^n (hU\Phi)_w \mathrm{d}\eta \approx (hU\Phi)_w \Delta\eta = \begin{cases} (hU)_w \Delta\eta \Phi_P & U_w < 0 \\ (hU)_w \Delta\eta \Phi_W & U_w \geqslant 0 \end{cases} \tag{3-29}$$

$$E_n = \int_w^e (hV\Phi)_n \mathrm{d}\eta \approx (hV\Phi)_n \Delta\xi = \begin{cases} (hV)_n \Delta\xi \Phi_N & V_n < 0 \\ (hV)_n \Delta\xi \Phi_P & V_n \geqslant 0 \end{cases} \tag{3-30}$$

$$E_s = \int_w^e (hV\Phi)_s \mathrm{d}\eta \approx (hV\Phi)_s \Delta\xi = \begin{cases} (hV)_s \Delta\xi \Phi_P & V_s < 0 \\ (hV)_s \Delta\xi \Phi_S & V_s \geqslant 0 \end{cases} \tag{3-31}$$

为书写方便，现引入参数F和D，其中F表示通过单位控制体积的对流通量，D表示控制体积界面的扩散传导性，并定义Peclet数$Pe = \dfrac{F}{D}$，表示对流和扩散的强度之比，记$[| \ , \ |]$为各量之中的最大值。现写出控制体积界面上F,D及Pe分别为

$$F_e = (hU\Delta\eta)_e, \quad F_w = (hU\Delta\eta)_w, \quad F_n = (hV\Delta\xi)_n, \quad F_s = (hV\Delta\xi)_s \tag{3-32}$$

$$D_e = \left(\frac{\alpha\Gamma_\Phi h}{J}\right)_e \frac{\Delta\eta}{(\delta\xi)_e}, D_w = \left(\frac{\alpha\Gamma_\Phi h}{J}\right)_w \frac{\Delta\eta}{(\delta\xi)_w}, D_n = \left(\frac{\gamma\Gamma_\Phi h}{J}\right)_n \frac{\Delta\varepsilon}{(\delta\eta)_n}, D_s = \left(\frac{\gamma\Gamma_\Phi h}{J}\right)_s \frac{\Delta\xi}{(\delta\eta)_s} \tag{3-33}$$

$$Pe_e = \frac{F_e}{D_e}, \quad Pe_w = \frac{F_w}{D_w}, \quad Pe_n = \frac{F_n}{D_n}, \quad Pe_s = \frac{F_s}{D_s} \tag{3-34}$$

则有

$$E_e = F_e \Phi_e = \Phi_P \max(F_e, 0) - \Phi_E \max(-F_e, 0) = \Phi_P [| F_e, 0 |] - \Phi_E [| -F_e, 0 |]$$

$$
\begin{aligned}
E_w &= F_w\Phi_w = \Phi_W[|F_w,0|] - \Phi_P[|-F_w,0|]\\
E_n &= F_n\Phi_n = \Phi_P[|F_n,0|] - \Phi_N[|-F_n,0|]\\
E_s &= F_s\Phi_s = \Phi_S[|F_s,0|] - \Phi_P[|-F_s,0|]
\end{aligned}
\tag{3-35}
$$

将式(3-35)代入式(3-9)即得对流项的离散形式。

引入上述记号后，扩散项式(3-10)变为

$$
\begin{aligned}
&\int_{\Delta V}\frac{1}{J}\frac{\partial}{\partial\xi}\left(\frac{\alpha h\Gamma_\Phi}{J}\frac{\partial\Phi}{\partial\xi}\right)\mathrm{d}V + \int_{\Delta V}\frac{1}{J}\frac{\partial}{\partial\eta}\left(\frac{\gamma h\Gamma_\Phi}{J}\frac{\partial\Phi}{\partial\eta}\right)\mathrm{d}V\\
&= D_e(\Phi_E - \Phi_P) - D_w(\Phi_P - \Phi_W) + D_n(\Phi_N - \Phi_P) - D_s(\Phi_P - \Phi_S)
\end{aligned}
\tag{3-36}
$$

将式(3-8)～式(3-11)代入式(3-7)，则可得适体坐标系下平面二维水沙模型的通用方程的离散形式：

$$
a_P\Phi_P = a_E\Phi_E + a_W\Phi_W + a_N\Phi_N + a_S\Phi_S + b \tag{3-37}
$$

可简记为

$$
a_P\Phi_P = \sum a_{nb}\Phi_{nb} + b \tag{3-38}
$$

式中：Φ_{nb}代表节点 P 的邻点处位置变量值；a_{nb}为其系数。

$$
\left.
\begin{aligned}
a_E &= D_e + [|-F_e,0|],\quad a_W = D_w + [|F_w,0|]\\
a_N &= D_n + [|-F_n,0|],\quad a_S = D_s + [|F_s,0|]
\end{aligned}
\right\}
\tag{3-39}
$$

$$
a_P = a_E + a_W + a_N + a_S + F_e - F_w + F_n - F_s + a_P^0 - S_{\Phi P}J_P\Delta\xi\Delta\eta \tag{3-40}
$$

$$
b = a_P^0\Phi_P^0 + S_{\Phi C}J_P\Delta\xi\Delta\eta,\quad a_P^0 = \frac{h_P^0}{\Delta t}J_P\Delta\xi\Delta\eta \tag{3-41}
$$

除一阶迎风格式外，常用的一阶格式还有混合格式、指数格式和乘方格式等。包括一阶迎风格式和中心差分格式在内，这些格式可写为统一形式，离散方程仍为式(3-37)，但式(3-39)应变为

$$
\left.
\begin{aligned}
a_E &= D_eA(|Pe_e|) + [|-F_e,0|],\quad a_W = D_wA(|Pe_w|) + [|F_w,0|]\\
a_N &= D_nA(|Pe_n|) + [|-F_n,0|],\quad a_S = D_sA(|Pe_s|) + [|F_s,0|]
\end{aligned}
\right\}
\tag{3-42}
$$

式中：$A(|Pe|)$为关于 Peclet 数 Pe 的函数，不同的离散格式对应不同的函数表达式，如表 3-1所示。

表 3-1　不同离散格式下的函数 $A(|Pe|)$

离散格式	$A(\|Pe\|)$
中心差分格式	$1-0.5\|Pe\|$
一阶迎风格式	1
混合格式	$\max(0,1-0.5\|Pe\|)$
指数格式	$\|Pe\|/(\mathrm{e}^{\|Pe\|}-1)$
乘方格式	$\max[0,(1-0.5\|Pe\|)^5]$

(二) QUICK 格式

虽然一阶迎风格式及其他低阶格式稳定性较好,但精度较低,在计算中容易引起假扩散。为了克服这种现象, Leonard[133] 提出了 QUICK (Quadratic Upwind Interpolation of Convective Kinematics) 格式。该格式采用具有迎风倾向的二次插值来确定控制体积界面上的函数值,具有精度高(对流项可达到三阶精度)、保持物理量守恒的优点,并且可以有效降低低阶格式假扩散效应,目前在许多领域都得到了广泛的应用。

QUICK 格式界面的插值原则为:在中心差分的基础上加上对曲率的修正[19]。现针对式(3-28)写出对流项在界面上的插值,即

$$E_e = F_e \Phi_e = F_e \left(\frac{\Phi_E + \Phi_P}{2} - \frac{1}{8} Cur \right) \tag{3-43}$$

当采用均分网格时,曲率修正项的计算公式为

$$Cur = \begin{cases} \Phi_E + \Phi_W - 2\Phi_P & F_e \geqslant 0 \\ \Phi_P + \Phi_{EE} - 2\Phi_E & F_e < 0 \end{cases} \tag{3-44}$$

点 P、E、EE、W 的位置如图 3-2 所示, F_e 的定义为式(3-32)。将式(3-44)代入式(3-43)可得

$$E_e = \begin{cases} \frac{1}{8} F_e (6\Phi_P + 3\Phi_E - \Phi_W) & F_e \geqslant 0 \\ \frac{1}{8} F_e (6\Phi_E + 3\Phi_P - \Phi_{EE}) & F_e < 0 \end{cases} \tag{3-45}$$

同理可得

$$E_w = \begin{cases} \frac{1}{8} F_w (6\Phi_W + 3\Phi_P - \Phi_{WW}) & F_w \geqslant 0 \\ \frac{1}{8} F_w (6\Phi_P + 3\Phi_E - \Phi_W) & F_w < 0 \end{cases} \tag{3-46}$$

$$E_n = \begin{cases} \frac{1}{8} F_n (6\Phi_P + 3\Phi_N - \Phi_S) & F_n \geqslant 0 \\ \frac{1}{8} F_n (6\Phi_N + 3\Phi_P - \Phi_{NN}) & F_n < 0 \end{cases} \tag{3-47}$$

$$E_s = \begin{cases} \frac{1}{8} F_s (6\Phi_S + 3\Phi_P - \Phi_{SS}) & F_s \geqslant 0 \\ \frac{1}{8} F_s (6\Phi_P + 3\Phi_S - \Phi_N) & F_s < 0 \end{cases} \tag{3-48}$$

在二维问题中,利用该格式离散后的差分格式是九点格式,不能直接用交替方向的 TDMA (Tridiagonal Matrix Method) 方法来求解,虽然可用 PDMA (Pentadiagonal Matrix Algorithm) 方法来求解,但应用起来不太方便。另外, QUICK 格式是条件稳定的,不能总是满足有界性要求。针对上述问题, Hayase[164] 根据 Khosla 和 Rubin[165] 提出的延迟修正的思想,提出了改进的 QUICK 格式。延迟修正技术是求解高阶形式离散方程的一种实施方式,可以使所求解的代数方程组满足对角占优的条件,增加了求解方程组的稳定性,对于那些原来采用低阶格式的程序,只要在源项中加入修正项就可以应用到高阶格式,具有较

为重要的意义。具体方法如下：

$$\Phi_e = \Phi_e^L + (\Phi_e^H - \Phi_e^L)^* \tag{3-49}$$

式中：H、L 分别表示高、低阶格式；* 表示括号中的值采用上一迭代的计算结果计算。

若低阶格式采用一阶迎风格式，高阶格式采用 QUICK 格式，则有

$$E_e = \begin{cases} F_e\left[\Phi_P + \frac{1}{8}(3\Phi_E - 2\Phi_P - \Phi_W)^*\right] & F_e \geqslant 0 \\ F_e\left[\Phi_E + \frac{1}{8}(3\Phi_P - 2\Phi_E - \Phi_{EE})^*\right] & F_e < 0 \end{cases}$$

$$E_w = \begin{cases} F_w\left[\Phi_W + \frac{1}{8}(3\Phi_P - 2\Phi_W - \Phi_{WW})^*\right] & F_w \geqslant 0 \\ F_w\left[\Phi_E + \frac{1}{8}(3\Phi_W - 2\Phi_P - \Phi_E)^*\right] & F_w < 0 \end{cases}$$

$$E_n = \begin{cases} F_n\left[\Phi_P + \frac{1}{8}(3\Phi_N - 2\Phi_P - \Phi_S)^*\right] & F_n \geqslant 0 \\ F_n\left[\Phi_N + \frac{1}{8}(3\Phi_P - 2\Phi_N - \Phi_{NN})^*\right] & F_n < 0 \end{cases} \tag{3-50}$$

$$E_s = \begin{cases} F_s\left[\Phi_S + \frac{1}{8}(3\Phi_P - 2\Phi_S - \Phi_{SS})^*\right] & F_s \geqslant 0 \\ F_s\left[\Phi_P + \frac{1}{8}(3\Phi_S - 2\Phi_P - \Phi_N)^*\right] & F_s < 0 \end{cases}$$

亦可写为如下形式：

$$E_e = [|F_e,0|]\left[\Phi_P + \frac{1}{8}(3\Phi_E - 2\Phi_P - \Phi_W)^*\right] + [|-F_e,0|]\left[\Phi_E + \frac{1}{8}(3\Phi_P - 2\Phi_E - \Phi_{EE})^*\right] \tag{3-51}$$

$$E_w = [|F_w,0|]\left[\Phi_W + \frac{1}{8}(3\Phi_P - 2\Phi_W - \Phi_{WW})^*\right] + [|-F_w,0|]\left[\Phi_E + \frac{1}{8}(3\Phi_W - 2\Phi_P - \Phi_E)^*\right] \tag{3-52}$$

$$E_n = [|F_n,0|]\left[\Phi_P + \frac{1}{8}(3\Phi_N - 2\Phi_P - \Phi_S)^*\right) + [|-F_n,0|]\left[\Phi_N + \frac{1}{8}(3\Phi_P - 2\Phi_N - \Phi_{NN})^*\right] \tag{3-53}$$

$$E_s = [|F_s,0|]\left[\Phi_S + \frac{1}{8}(3\Phi_P - 2\Phi_S - \Phi_{SS})^*\right] + [|-F_s,0|]\left[\Phi_P + \frac{1}{8}(3\Phi_S - 2\Phi_P - \Phi_N)^*\right] \tag{3-54}$$

对通用方程(2-35)的对流项利用上述延迟修正 QUICK 格式离散，其余各项的离散仍如同一阶迎风差分格式，离散后代数方程为

$$a_P\Phi_P = a_E\Phi_E + a_W\Phi_W + a_N\Phi_N + a_S\Phi_S + b + S_{ad}^* \tag{3-55}$$

其中，系数 $a_P, a_E, a_W, a_S, a_N, b$ 仍按一阶迎风格式，即按式(3-39)～式(3-41)进行计算，而附加源项 S_{ad}^* 计算如下：

$$S_{ad}^* = (S_{ad}^*)_e + (S_{ad}^*)_w + (S_{ad}^*)_n + (S_{ad}^*)_s \tag{3-56}$$

其中

$$
\begin{aligned}
(S_{ad}^*)_e &= \frac{1}{8}(3\Phi_E - 2\Phi_P - \Phi_W)^*[\,|\,F_e,0\,|\,] + \frac{1}{8}(3\Phi_P - 2\Phi_E - \Phi_{EE})^*[\,|\,-F_e,0\,|\,] \\
(S_{ad}^*)_w &= \frac{1}{8}(3\Phi_P - 2\Phi_W - \Phi_{WW})^*[\,|\,F_w,0\,|\,] + \frac{1}{8}(3\Phi_W - 2\Phi_P - \Phi_E)^*[\,|\,-F_w,0\,|\,] \\
(S_{ad}^*)_n &= \frac{1}{8}(3\Phi_N - 2\Phi_P - \Phi_S)^*[\,|\,F_n,0\,|\,] + \frac{1}{8}(3\Phi_P - 2\Phi_N - \Phi_{NN})^*[\,|\,-F_n,0\,|\,] \\
(S_{ad}^*)_s &= \frac{1}{8}(3\Phi_P - 2\Phi_S - \Phi_{SS})^*[\,|\,F_s,0\,|\,] + \frac{1}{8}(3\Phi_S - 2\Phi_P - \Phi_N)^*[\,|\,-F_s,0\,|\,]
\end{aligned}
\tag{3-57}
$$

四、泥沙模块中有关控制方程的离散

泥沙模块中非均匀悬移质输移方程可以归入通用控制方程式(2-35),并按通用控制方程的离散方式进行离散得到离散代数方程为式(3-38)。其余控制方程的离散形式如下。

(一)非均匀悬沙河床变形方程

$$
Z_{S,L} = Z_{S,L}^* + \frac{\Delta t}{\gamma_s'}\alpha_L\omega_L(S_L - S_L^*) \tag{3-58}
$$

式中:$Z_{S,L}$为在 $t+\Delta t$ 时刻由第 L 粒径组悬移质泥沙引起的冲淤总厚度;$Z_{S,L}^*$为在 t 时刻由第 L 粒径组悬移质泥沙引起的冲淤总厚度;Δt 为时间步长。

若用 $\Delta Z_{S,L}$表示从 t 时刻到 $t+\Delta t$ 时刻第 L 粒径组悬移质泥沙引起的冲淤厚度,则有

$$
\Delta Z_{S,L} = \frac{\Delta t}{\gamma_s'}\alpha_L\omega_L(S_L - S_L^*) \tag{3-59}
$$

(二)非均匀沙推移质输移方程

$$
\begin{aligned}
Z_{b,L} = Z_{b,L}^* &- \frac{\Delta t}{J_P\gamma_s'}\left[(y_\eta)_P\frac{(g_{bx,L})_E - (g_{bx,L})_W}{2\Delta\xi} - (y_\xi)_P\frac{(g_{bx,L})_N - (g_{bx,L})_S}{2\Delta\eta}\right] - \\
&\frac{\Delta t}{J_P\gamma_s'}\left[-(x_\eta)_P\frac{(g_{by,L})_E - (g_{by,L})_W}{2\Delta\xi} + (x_\xi)_P\frac{(g_{by,L})_N - (g_{by,L})_S}{2\Delta\eta}\right]
\end{aligned}
\tag{3-60}
$$

式中:$Z_{b,L}$为 $t+\Delta t$ 时刻由第 L 粒径组推移质泥沙引起的冲淤总厚度;$Z_{S,L}^*$为 t 时刻由第 L 粒径组推移质泥沙引起的冲淤总厚度。

若用 $\Delta Z_{b,L}$表示从 t 时刻到 $t+\Delta t$ 时刻第 L 时粒径组推移泥沙引起的冲淤厚度,则有

$$
\begin{aligned}
\Delta Z_{b,L} = &- \frac{\Delta t}{J_P\gamma_s'}\left[(y_\eta)_P\frac{(g_{bx,L})_E - (g_{bx,L})_W}{2\Delta\xi} - (y_\xi)_P\frac{(g_{bx,L})_N - (g_{bx,L})_S}{2\Delta\eta}\right] - \\
&\frac{\Delta t}{J_P\gamma_s'}\left[-(x_\eta)_P\frac{(g_{by,L})_E - (g_{by,L})_W}{2\Delta\xi} + (x_\xi)_P\frac{(g_{by,L})_N - (g_{by,L})_S}{2\Delta\eta}\right]
\end{aligned}
\tag{3-61}
$$

(三)床沙级配调整方程

$$
E_mP_{mL} = E_m^*P_{mL}^* + \Delta Z_{S,L} + \Delta Z_{b,L} + [\varepsilon_1P_{mL} + (1-\varepsilon_1)P_{mL,0}](\Delta Z_b - \Delta E_m) \tag{3-62}
$$

式中:E_m、P_{mL}分别为 $t+\Delta t$ 时刻混合层厚度和床沙级配;E_m^*、P_{mL}^*分别为 t 时刻混合层厚度和床沙级配。

若假设混合层厚度固定,并用 ΔP_{mL}表示从 t 时刻到 $t+\Delta t$ 时刻床沙级配的调整,则

式(3-62)可简化为

$$\Delta P_{mL} = \Delta Z_{S,L} + \Delta Z_{b,L} + [\varepsilon_1 P_{mL} + (1-\varepsilon_1) P_{mL,0}]\Delta Z_b \tag{3-63}$$

第三节　压力修正算法及其在同位网格中的实施

一、同位网格与动量插值

采用常规的网格及中心差分来离散压力梯度项时,往往会出现不合理的压力场,但动量方程的离散形式无法检测出来,往往会导致计算的失败。针对这个问题,目前主要有两种解决方案。第一种是采用交错网格技术,即将压力和速度布置在不同的网格系统上;第二种是采用同位网格技术。由于交错网格采用了多套网格系统,各自节点的编号即各套网格之间的协调问题比较复杂,给编程带来诸多不便。随着问题由二维发展到三维,区域由规则变为不规则,由单重网格发展到多重网格,交错网格的这种缺点便日益突出。

同位网格技术是将所有变量均置于同一套网格上而且能保证压力与速度不失耦的方法。将所有变量布置在同一套网格上,同时为了解决不合理压力场问题,采用以下动量插值法[166]:

$$\left.\begin{aligned}
U_e^* &= \overline{(U)}_e - \overline{\left(\frac{\alpha gh}{a_P - \sum a_{nb}}\right)}_e \left[\frac{z_E - z_P}{(\delta\xi)_e} - \bar{z}_\xi\right] \\
U_w^* &= \overline{(U)}_w - \overline{\left(\frac{\alpha gh}{a_P - \sum a_{nb}}\right)}_w \left[\frac{z_P - z_W}{(\delta\xi)_w} - \bar{z}_\xi\right] \\
U_n^* &= \overline{(U)}_n - \overline{\left(\frac{\gamma gh}{a_P - \sum a_{nb}}\right)}_n \left[\frac{z_N - z_P}{(\delta\xi)_n} - \bar{z}_\eta\right] \\
U_s^* &= \overline{(U)}_s - \overline{\left(\frac{\gamma gh}{a_P - \sum a_{nb}}\right)}_s \left[\frac{z_P - z_S}{(\delta\xi)_s} - \bar{z}_\eta\right]
\end{aligned}\right\} \tag{3-64}$$

式中:$\overline{(\ )}$表示线性平均;$\bar{z}_\xi$、$\bar{z}_\eta$ 分别为所研究控制体上 ξ、η 方向水位梯度的平均值。

当水位不是线性分布,特别是出现锯齿形压力场时,式(3-64)中后一项不为零,这有助于检测不合理的压力场。

二、SIMPLEC 算法

不可压缩流体的控制方程 N-S 方程由连续性方程和动量方程组成,压力和速度是耦合在一起的,关于压力没有专门的方程来描述,而仅仅是动量方程源项的一部分。求解压力耦合方程的半隐式方法(Semi-Implicit Method for Pressure Linked Equations,简称SIMPLE算法)是求解不可压缩流场行之有效的方法,最初由 Patankar 和 Spalding 于 1972 年提出,目前已有一些改进算法如 SIMPLER、SIMPLEST、SIMPLEC、SIMPLEX、PISO、CLEAR 等(统称 SIMPLE 系列算法),已被广泛地应用于计算流体力学领域,而且目前已被推广到可压缩流场的计算中。

(一)SIMPLE 系列算法的基本思想

SIMPLE 系列算法在求解 N-S 方程时的基本思路如下：

(1)对于给定的水位场，求解相应离散形式的动量方程，得到流速场。

(2)由于水位场是假定的，一般是不精确的，由此得到的流速场一般不满足连续性方程，必须对给定的水位场加以修正，以使其满足连续性方程，从而得到水位修正方程，求解得到水位修正值。

(3)根据修正后的水位场，代入动量方程求得到新的流速场。

(4)如此循环，直到得到满足精度要求的流速场和水位场。

(二)适体坐标系下基于同位网格的 SIMPLE 算法的实施

SIMPLE 算法最初是基于直角坐标系的交错网格系统下建立的。本书针对平面二维水沙运移紊流数学模型，建立适体坐标系下基于同位网格系统的 SIMPLE 算法。

适体坐标系下平面二维水沙数学模型中，不仅出现了物理平面上直角坐标系下的流速分量 u 和 v，而且出现了逆变流速分量 U 和 V，本书采用 u 和 v 作为速度求解变量，以 U 和 V 作为界面流速。现将 SIMPLE 算法中的关键环节介绍如下。

1. 动量方程中水位梯度项的离散

采用 FVM，对 ξ、η 方向动量方程中的水位梯度项分别进行离散，可得：

$$\begin{aligned}
&\int_{\Delta V}\left[-\frac{1}{J}gh(z_\xi y_\eta - z_\eta y_\xi)\right]\mathrm{d}V = -\int_s^n\int_w^e gh(z_\xi y_\eta - z_\eta y_\xi)\,\mathrm{d}\xi\mathrm{d}\eta \\
&= -ghy_\eta(z_e - z_w)\Delta\eta + ghy_\xi(z_n - z_s)\Delta\xi = -ghy_\eta\frac{z_e - z_w}{\Delta\xi}\Delta\xi\Delta\eta + ghy_\xi\frac{z_n - z_s}{\Delta\eta}\Delta\xi\Delta\eta \\
&= b^u z_\xi + c^u z_\eta
\end{aligned} \tag{3-65}$$

$$\begin{aligned}
&\int_{\Delta V}\left[-\frac{1}{J}gh(-z_\xi x_\eta + z_\eta x_\xi)\right]\mathrm{d}V = -\int_s^n\int_w^e gh(-z_\xi x_\eta + z_\eta x_\xi)\,\mathrm{d}\xi\mathrm{d}\eta \\
&= ghx_\eta(z_e - z_w)\Delta\eta - ghx_\xi(z_n - z_s)\Delta\xi = ghx_\eta\frac{z_e - z_w}{\Delta\xi}\Delta\xi\Delta\eta - ghx_\xi\frac{z_n - z_s}{\Delta\eta}\Delta\xi\Delta\eta \\
&= b^v z_\xi + c^v z_\eta
\end{aligned} \tag{3-66}$$

式中：$b^u = -ghy_\eta\Delta\xi\Delta\eta$，$c^u = ghy_\xi\Delta\xi\Delta\eta$，$b^v = ghx_\eta\Delta\xi\Delta\eta$，$c^v = -ghx_\xi\Delta\xi\Delta\eta$，$z_\xi = \frac{z_e - z_w}{\Delta\xi}$，$z_\eta = \frac{z_n - z_s}{\Delta\eta}$，而 z_n、z_s、z_e、z_w 为界面上的水位值，可用相邻节点的水位值通过线性插值得到。

将式(3-65)和式(3-66)分别代入式(3-55)，并将水位梯度项从源项中分离出来，可得 ξ 方向与 η 方向的动量方程分别为

$$a_P^u u_P = \sum a_{nb}^u u_{nb} + d^u + (b^u z_\xi + c^u z_\eta)_P,\quad a_P^v v_P = \sum a_{nb}^v v_{nb} + d^v + (b^v z_\xi + c^v z_\eta)_P \tag{3-67}$$

或

$$u_P = \sum A_{nb}^u u_{nb} + D^u + (B^u z_\xi + C^u z_\eta)_P,\quad v_P = \sum A_{nb}^v v_{nb} + D^v + (B^u z_\xi + C^v z_\eta)_P \tag{3-68}$$

式中：d^u、d^v 分别为从 ξ 方向与 η 方向动量方程的源项即 $b + S_{ad}^*$ 中，将对应的水位梯度项

分离出来后剩余的项；b 的意义如式(3-41)所示，S_{ad}^* 的意义如式(3-56)和式(3-57)所示，$A_{nb}^u=\frac{a_{nb}^u}{a_P^u}, B^u=\frac{b^u}{a_P^u}, C^u=\frac{c^u}{a_p^u}, A_{nb}^v=\frac{a_{nb}^v}{a_P^v}, B^v=\frac{b^v}{a_P^v}, C^v=\frac{c^v}{a_P^v}$。

2. 速度修正方程的导出

假设初始水位为 z^*，代入动量方程后求出的初始流速分布为 u^*、v^*，从而有

$$a_P^u u_P^* = \sum a_{nb}^u u_{nb}^* + d^u + (b^u z_\xi^* + c^u z_\eta^*)_P \tag{3-69}$$

$$a_P^v u_P^* = \sum a_{nb}^v v_{nb}^* + d^v + (b^v z_\xi^* + c^v z_\eta^*)_P \tag{3-70}$$

由于水位是假设值，由此求出的流速分布 u^*、v^* 不一定满足连续性方程，需要进行修正。设水位和流速的修正值分别为 z'、u'、v'，则修正后的水位及流速分别为

$$z = z^* + z', u = u^* + u', v = v^* + v' \tag{3-71}$$

修正后的水位及流速 z、u、v 应满足动量方程(3-67)。将式(3-67)与式(3-70)对应项相减，可得

$$a_P^u u'_P = \sum a_{nb}^u u'_{nb} + (b^u z'_\xi + c^u z'_\eta)_P, \quad a_P^v v'_P = \sum a_{nb}^v v'_{nb} + (b^v z'_\xi + c^v z'_\eta)_P \tag{3-72}$$

将式(3-72)两边分别除以 a_P^u，a_P^v，可得：

$$u'_P = \sum A_{nb}^u u'_{nb} + (B^u z'_\xi + C^u z'_\eta)_P, \quad v'_P = \sum A_{nb}^v v'_{nb} + (B^v z'_\xi + C^v z'_\eta)_P \tag{3-73}$$

为了简单起见，略去周围节点速度的修正值，可得：

$$u'_P = (B^u z'_\xi + C^u z'_\eta)_P, \quad v'_P = (B^v z'_\xi + C^v z'_\eta)_P \tag{3-74}$$

由逆变速度 U、V 与 u、v 的关系，可得逆变速度修正值为

$$\left.\begin{aligned} U'_P &= (y_\eta B^u - x_\eta B^v)_P (z'_\xi)_P + (y_\eta C^u - x_\eta C^v)_P (z'_\eta)_P \\ V'_P &= (x_\xi C^v - y_\xi C^u)_P (z'_\eta)_P + (y_\xi B^v - y_\xi C^u)_P (z'_\xi)_P \end{aligned}\right\} \tag{3-75}$$

上述逆变流速修正值计算公式中，不但包括同方向的水位修正梯度值，还包括交叉方向的水位修正梯度值，这样在导出水位修正方程时，将会出现九点格式的代数方程，给求解带来一定困难。为了避免出现这一现象，可将交叉方向的水位修正值的梯度项略去，得到逆变流速修正值的计算公式为

$$U'_P = (y_\eta B^u - x_\eta B^v)_P (z'_\xi)_P = B_P (z'_\xi)_P, \quad V'_P = (x_\xi C^v - y_\xi C^u)_P (z'_\eta)_P = C_P (z'_\eta)_P \tag{3-76}$$

其中：$B = y_\eta B^u - x_\eta B^v$，$C = x_\xi C^v - y_\xi C^u$。

3. 水位修正方程的导出

在适体坐标系下，连续性方程为

$$\frac{\partial h}{\partial t} + \frac{1}{J}\frac{\partial (hU)}{\partial \xi} + \frac{1}{J}\frac{\partial (hV)}{\partial \eta} = 0 \tag{3-77}$$

利用 FVM 在控制体积 P 上离散，有

$$\frac{h_P - h_P^0}{\Delta t} J\Delta\xi\Delta\eta + (hU\Delta\eta)_e - (hU\Delta\eta)_w + (hV\Delta\xi)_n - (hV\Delta\xi)_s = 0 \tag{3-78}$$

将式(3-76)在界面处写出，有

$$U'_e = B_e (z'_\xi)_e = B_e \frac{z'_E - z'_P}{(\delta\xi)_e}, \quad U'_w = B_w (z'_\xi)_w = B_w \frac{z'_P - z'_W}{(\delta\xi)_w}$$

$$V'_n = C_n(z'_\eta)_n = C_n \frac{z'_N - z'_P}{(\delta\eta)_n}, \quad V'_s = C_s(z'_\eta)_s = C_s \frac{z'_P - z'_S}{(\delta\xi)_s} \tag{3-79}$$

其中，B_e、B_w、C_n、C_s 可由节点上 B、C 的值线性插值得出。于是，修正后的逆变速度分量在界面上的值为

$$U_e = U_e^* + U'_e = U_e^* + B_e(z'_\xi)_e, \quad U_w = U_w^* + U'_w = U_w^* + B_w(z'_\xi)_w$$

$$V_n = V_n^* + V'_n = V_n^* + C_n(z'_\eta)_n, \quad V_s = V_s^* + V'_s = V_s^* + C_s(z'_\eta)_s \tag{3-80}$$

其中，U_e^*、U_w^*、V_n^*、V_s^* 可由式(3-64)利用动量插值法得到。将式(3-80)代入式(3-78)并整理可得

$$a_P z'_P = a_E z'_E + a_W z'_W + a_N z'_N + a_S z'_S + S_z \tag{3-81}$$

其中：$a_E = (hB)_e\left(\dfrac{\Delta\eta}{\delta\xi}\right)_e$，$a_W = (hB)_w\left(\dfrac{\Delta\eta}{\delta\xi}\right)_w$，$a_N = (hC)_n\left(\dfrac{\Delta\xi}{\delta\eta}\right)_n$，$a_S = (hC)_s\left(\dfrac{\Delta\xi}{\delta\eta}\right)_s$，$a_P = a_E + a_W + a_N + a_S$，$S_z = (hU^*\Delta\eta)_e - (hU^*\Delta\eta)_w + (hV^*\Delta\xi)_n - (hV^*\Delta\xi)_s + J\dfrac{h_P - h_P^0}{\Delta t}\Delta\xi\Delta\eta$。

求出水位修正值 z'_P 后，即可由以下各式求出修正后的水位值、流速值及逆变流速值：

$$u_P = u_P^* + (B^u z'_\xi + C^u z'_\eta)_P, \quad v_P = v_P^* + (B^v z'_\xi + C^v z'_\eta)_P \tag{3-82}$$

$$z_P = z_P^* + z'_P \tag{3-83}$$

$$U_P = U_P^* + U'_P = U_P^* + (Bz'_\xi)_P, \quad V_P = V_P^* + V'_P = V_P^* + (Cz'_\eta)_P \tag{3-84}$$

4. 加速收敛的亚松弛技术

在基于同位网格的 SIMPLE 算法中，如果直接利用式(3-82)～式(3-84)修正流速及水位，往往会导致迭代过程发散，特别是上一层迭代流速值和水位值距真实解相差较大时，更容易发散。为了保证迭代过程收敛，一般采用亚松弛技术。

对水位来说，引入亚松弛因子 $\alpha_z(0<\alpha_z\leqslant 1)$，将水位修正方程(3-83)改写为

$$z_P = z_P^* + \alpha_z z'_P \tag{3-85}$$

对流速 u、v 来说，亦可引入亚松弛因子 α_u、$\alpha_v(\alpha_u>0, \alpha_v\leqslant 1)$，将式(3-82)改写为

$$u^\alpha = u^* + \alpha_u u' = u^* + \alpha_u(u - u^*), \quad v^\alpha = v^* + \alpha_v v' = v^* + \alpha_v(v - v^*) \tag{3-86}$$

式中：u^*、v^* 为上一迭代层次的值；u、v 为本迭代层次未经亚松弛处理的值；u^α、v^α 为本迭代层次经过亚松弛处理的值。

为了计算简单起见，一般都是将速度的亚松弛组织到动量方程中一次完成的。

由式(3-86)可得：

$$u = u^* + \frac{u^\alpha - u^*}{\alpha_u}, \quad v = v^* + \frac{v^\alpha - v^*}{\alpha_v} \tag{3-87}$$

将式(3-87)代入动量方程的离散形式式(3-68)并整理可得：

$$\frac{u_P^\alpha}{\alpha_u} = \sum A_{nb}^u u_{nb} + D^u + (B^u z_\xi + C^u z_\eta)_P + \left(\frac{1-\alpha_u}{\alpha_u}\right)u_P^* \tag{3-88}$$

$$\frac{v_P^\alpha}{\alpha_v} = \sum A_{nb}^v v_{nb} + D^v + (B^v z_\xi + C^v z_\eta)_P + \left(\frac{1-\alpha_v}{\alpha_v}\right)v_P^* \tag{3-89}$$

关于亚松弛因子的取值，根据作者数值模拟的经验，在迭代开始时，一般要取得尽可能小，否则容易发散，如前60步范围内可取 $\alpha_u = \alpha_v = \alpha_z = 0.2$，然后逐步加大松弛因子的值，一般到第200步后可取 $\alpha_u = \alpha_v = 0.4$， $\alpha_z = 0.6$，比较稳妥。

（三）适体坐标系下基于同位网格的 SIMPLEC 算法

在 SIMPLE 算法中，为了求解方便，略去了速度修正方程（3-72）中的 $\sum a^u_{nb} v'_{nb}$ 和 $\sum a^v_{nb} v'_{nb}$ 项，从而把速度的修正完全归结为由压力梯度项的直接作用，实际上犯了不协调一致的错误，而且会影响收敛速度。实际上，在略去 $\sum a^u_{nb} u'_{nb}$ 时，相当于使 $a^u_{nb} \to 0$，但由式（3-40），当节点 P 的周围邻点的系数发生变化时，P 点的系数也应随着发生变化，而在 SIMPLE 算法中，当略去 $\sum a^u_{nb} u'_{nb}$ 时，a^u_P 并没有发生变化。

为了能在略去 $\sum a^u_{nb} u'_{nb}$ 时保持方程基本协调，在式（3-72）的第一个方程两边同时减去 $\sum a^u_{nb} u'_P$，即

$$(a^u_P - \sum a^u_{nb}) u'_P = \sum a^u_{nb}(u'_{nb} - u'_P) + (b^u z'_\xi + c^u z'_\eta)_P \tag{3-90}$$

一般 u'_P 与周围邻点的修正值 u'_{nb} 具有相同的数量级，因此可以略去 $\sum a^u_{nb}(u'_{nb} - u'_P)$，从而得到：

$$u'_P = (\widetilde{B}^u z'_\xi + \widetilde{C}^u z'_\eta)_P \tag{3-91}$$

同理可以得到：

$$v'_P = (\widetilde{B}^v z'_\xi + \widetilde{C}^v z'_\eta)_P \tag{3-92}$$

其中：

$$\widetilde{B}^u = \frac{b^u}{a^u_P - \sum a^u_{nb}} = \frac{-ghy_\eta \Delta\xi\Delta\eta}{a^u_P - \sum a^u_{nb}}, \quad \widetilde{C}^u = \frac{c^u}{a^u_P - \sum a^u_{nb}} = \frac{ghy_\xi \Delta\xi\Delta\eta}{a^u_P - \sum a^u_{nb}}$$

$$\widetilde{B}^v = \frac{b^v}{a^v_P - \sum a^v_{nb}} = \frac{ghx_\eta \Delta\xi\Delta\eta}{a^v_P - \sum a^v_{nb}}, \quad \widetilde{C}^v = \frac{c^v}{a^v_P - \sum a^v_{nb}} = \frac{ghx_\xi \Delta\xi\Delta\eta}{a^v_P - \sum a^v_{nb}} \tag{3-93}$$

由于 ξ 方向和 η 方向动量方程离散后系数 a^u_P, a^u_{nb} 与 a^v_P, a^v_{nb} 完全相同，为简便起见，直接略去上标。于是式（3-76）中的变量 B、C 相应变为

$$\widetilde{B} = y_\eta \widetilde{B}^u - x_\eta \widetilde{B}^v = -\frac{\alpha gh\Delta\xi\Delta\eta}{a_P - \sum a_{nb}}, \quad \widetilde{C} = x_\xi \widetilde{C}^v - y_\xi \widetilde{C}^u = -\frac{\gamma gh\Delta\xi\Delta\eta}{a_P - \sum a_{nb}} \tag{3-94}$$

逆变流速的修正方程（3-84）变为

$$U_P = U^*_P + U'_P = U^*_P + (\widetilde{B} z'_\xi)_P, \quad V_P = V^*_P + V'_P = V^*_P + (\widetilde{C} z'_\eta)_P \tag{3-95}$$

界面上的逆变流速修正方程（3-79）变为

$$U'_e = \widetilde{B}_e (z'_\xi)_e = \widetilde{B}_e \frac{z'_E - z'_P}{(\delta\xi)_e}, \quad U'_w = \widetilde{B}_w (z'_\xi)_w = \widetilde{B}_w \frac{z'_P - z'_W}{(\delta\xi)_w},$$

$$V'_n = \widetilde{C}_n (z'_\eta)_n = \widetilde{C}_n \frac{z'_N - z'_P}{(\delta\eta)_n}, \quad V'_s = \widetilde{C}_s (z'_\eta)_s = \widetilde{C}_s \frac{z'_P - z'_S}{(\delta\xi)_s} \tag{3-96}$$

这就是协调一致的 SIMPLEC 算法（Semi-Implicit Method for Pressure Linked Equations in Consistency，简称 SIMPLEC 算法）。有文献表明[167]，SIMPLEC 算法在一些流体流动数

值模拟中的收敛性远优于 SIMPLE 算法，且 SIMPLEC 算法和 SIMPLE 算法相比，基本计算步骤相同，计算量相当，只是用 $\widetilde{B}^u$，$\widetilde{C}^u$，$\widetilde{B}^v$，$\widetilde{C}^v$，$\widetilde{B}$，$\widetilde{C}$ 分别代替 SIMPLE 算法中 B^u，C^u，B^v，C^v，B，C 而已。因此，本书采用适体坐标系下基于同位网格的 SIMPLEC 算法来进行水流模块的数值计算。

现写出 SIMPLEC 算法的详细步骤：

(1)计算坐标变换的相关系数，包括 α、β、γ、J、x_ξ、x_η、y_ξ、y_η 等。

(2)根据进出口边界的水位，给定全场水位 z^*，并假定流速分布 u^0、v^0。

(3)根据流速分布 u^0、v^0，利用式(2-36)计算逆变流速 U、V 在节点的值，并利用线性插值求出其在界面上值 U_e^0、U_w^0、V_n^0、V_s^0，用于计算首轮迭代的动量方程的源项和系数。

(4)求解动量离散方程(3-67)，得到初始流速分布 u^*、v^*。

(5)利用式(2-36)求出逆变流速在节点处的值，并利用动量插值式(3-64)求出逆变流速在界面处的值 U_e^*、U_w^*、V_n^*、V_s^*。

(6)求解水位修正方程(3-81)，得到水位修正值 z'，由式(3-85)更新水位 z。

(7)由式(3-91)和式(3-92)求出 u'_P、v'_P，更新流速：$u = u^* + u'$，$v = v^* + v'$。

(8)由式(3-95)与式(3-96)分别更新节点与界面上的逆变流速 U 和 V 的值。

(9)求解动量离散方程式(3-88)和式(3-89)，得到新的迭代层次的流速分布 u^*、v^*。

(10)求解 k，ε 的离散方程，得到紊动能 k 及其耗散率 ε 的分布。

(11)由式(2-11)计算紊动黏性系数，即 $\nu_t = C_\mu \dfrac{k^2}{\varepsilon}$。

(12)重复步骤(5)～(11)直到收敛或达到预定迭代次数。

三、壁面函数法

由于本书选用的修正的 RNG $k-\varepsilon$ 模型为高 Re 数紊流模型，在离开壁面一定距离的高 Re 数区域适用，这时 ν 相对 ν_t 可以忽略不计。但在靠近固体壁面黏性支层内，Re 数很低，必须考虑运动黏性的影响，这时系数 C_μ 将与 Re 数有关，如果要使用上述紊流模型，必须将模型加以修改，即低 Re 数模型。另外，如果在近壁区使用低 Re 数模型，由于近壁区流速梯度较大，在黏性支层内需要布置较多网格(如图 3-3(a)所示)，这就大大增加了计算工作量。因此，近壁区一般应用壁面函数法[49]处理，即在黏性支层内不布置任何节点，把与壁面相邻的第一个节点布置在紊流旺盛区(如图 3-3(b)所示)。

这时，壁面上的切应力仍按第一个内节点与壁面上的速度差来计算，其关键是确定此处的有效扩散系数及 k、ε 方程的边界条件，使得计算出的切应力等与实际相符合。

(一)壁面函数法的基本思想[19]

(1)假定在壁面附近黏性支层以外的区域，无量纲速度 u^+ 服从对数分布规律：

$$u^+ = \frac{1}{\kappa}\ln y^+ + B \tag{3-97}$$

其中，卡门常数 $\kappa = 0.40 \sim 0.42$，$B = 5.0 \sim 5.2$，无量纲距离 y^+ 和无量纲流速 u^+ 计算如下：

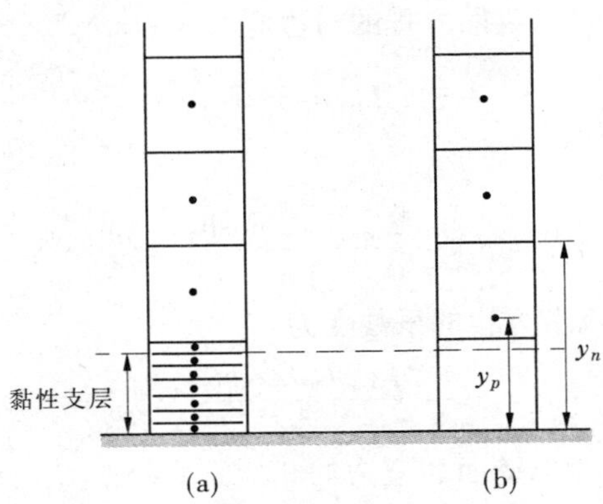

图 3-3　壁面附近区域的不同处理方法

$$y^{+}=\frac{y(C_{\mu}^{1/4}k^{1/2})}{\nu} \tag{3-98}$$

$$u^{+}=\frac{u(C_{\mu}^{1/4}k^{1/2})}{\tau_{W}/\rho} \tag{3-99}$$

(2)在划分网格时,将第一个内节点 P 布置在对数率成立的范围内,即旺盛紊流区。这时壁面切应力可如下计算:

$$\tau_{W}=\Gamma_{Wall}\frac{u_{P}-u_{W}}{y_{P}} \tag{3-100}$$

其中,紊动黏性系数 Γ_{Wall} 计算如下:

$$\Gamma_{Wall}=\frac{y_{P}^{+}\nu}{u_{P}^{+}} \tag{3-101}$$

式中,ν 为分子运动黏性系数。

(3)第一个内节点 P 上 k_P、ε_P 的确定方法。

k_P 仍按 k 方程计算,边界条件可取为

$$\left(\frac{\partial k}{\partial y}\right)_{W}=0 \tag{3-102}$$

ε_P 可用下式计算:

$$\varepsilon_{P}=\frac{C_{\mu}^{3/4}k_{P}^{3/2}}{\kappa y_{P}} \tag{3-103}$$

(二)流速的壁面函数法边界条件处理

在计算中,为了反映壁面的影响,将壁面切应力加入动量方程中,应当修改边界处动量方程的系数和源项。设边界与水平方向的夹角为 θ,则壁面切应力 τ_W 在 u 方向和 v 方向的分量分别为

$$\tau_{x}=\tau_{W}\cos\theta=\Gamma_{Wall}\frac{u_{P}}{y_{P}}\cos\theta \tag{3-104}$$

$$\tau_{y}=\tau_{W}\sin\theta=\Gamma_{Wall}\frac{u_{P}}{y_{P}}\sin\theta \tag{3-105}$$

壁面切应力可以看成是壁面处单位面积的水流所受阻力,其方向总是与水流方向相

反，因此在壁面处 u 方向动量离散方程的右边应加入 $-\tau_x h_P L_P$，即

$$S_u = S_u^* - \tau_x h_P L_P = S_u^* - \frac{\Gamma_{Wall} u_P h_P L_P \cos\theta}{y_P} \tag{3-106}$$

经线性化处理后有：

$$S_{uP} = S_{uP}^* - \frac{\Gamma_{Wall} h_P L_P \cos\theta}{y_P}, \quad S_{uC} = S_{uC}^* \tag{3-107}$$

同理，对 v 方向动量离散方程的系数变为

$$S_{vP} = S_{vP}^* - \frac{\Gamma_{Wall} h_P L_P \sin\theta}{y_P}, \quad S_{vC} = S_{vC}^* \tag{3-108}$$

式中：上标“ * ”表示没有考虑壁面切应力的相应系数；S_{uP}、S_{uC}、S_{vP}、S_{vC} 分别为 x 方向和 y 方向动量离散方程的源项经局部线性化处理后的斜率和常数部分；y_P 为第一个内节点 P 与壁面的距离；L_P 为节点 P 所在网格在壁面处的长度；h_P 为节点 P 的水深。

（三）k 和 ε 的壁面函数法的边界条件处理

关于紊动动能 k，可按式(3-102)处理。关于紊动动能耗散率 ε，在第一个内节点上取值为式(3-103)。在实际编程时，可按下式处理：

$$S_{\varepsilon P} = S_{\varepsilon P}^* - 10^{30}, S_{\varepsilon C} = S_{\varepsilon C}^* + 10^{30}\varepsilon_P \tag{3-109}$$

第四节　离散方程组的求解

平面二维水沙运移数学模型的通用控制方程(2-35)，利用延迟修正的 QUICK 格式离散后为如下形式：

$$a_P\Phi_P = a_E\Phi_E + a_W\Phi_W + a_N\Phi_N + a_S\Phi_S + b \tag{3-110}$$

该方程组为五对角线性代数方程组，虽然可以采用五对角阵算法(PDMA)[168]来求解，但应用起来不是太方便。也可以采用 Jacobi 迭代、Gauss-Seidel 迭代、SOR 迭代等传统方法来求解，但总体效率不如交替方向 TDMA 算法[12]。因此，本书采用交替方向TDMA算法来求解。

一、TDMA 算法

对于三对角方程组：

$$A_i\Phi_i = B_i\Phi_{i+1} + C_i\Phi_{i-1} + D_i \tag{3-111}$$

式中：A_i、B_i、C_i、D_i 为已知系数；Φ_i 为求解变量；$i = 1, 2, \cdots, M$。

设

$$\Phi_{i-1} = P_{i-1}\Phi_i + Q_{i-1} \tag{3-112}$$

将式(3-112)代入式(3-111)，可得：

$$\Phi_i = \frac{B_i}{A_i - C_iP_{i-1}}\Phi_{i+1} + \frac{D_i + C_iQ_{i-1}}{A_i - C_iP_{i-1}} \tag{3-113}$$

与式(3-112)对比可得：

$$P_i = \frac{B_i}{A_i - C_iP_{i-1}}, \quad Q_i = \frac{D_i + C_iQ_{i-1}}{A_i - C_iP_{i-1}} \quad (i = 2,3,\cdots,n) \tag{3-114}$$

由于当 $i=1$ 时,式(3-111)变为

$$A_1\Phi_1 = B_1\Phi_2 + D_1 \tag{3-115}$$

与式(3-112)对比可得:

$$P_1 = B_1/A_1,\quad Q_1 = D_1/A_1 \tag{3-116}$$

因此,可由式(3-116)和式(3-114)依次求出 P_i,Q_i。

当 $i=1$ 时,由式(3-112),有

$\Phi_M = P_M\Phi_{M+1} + Q_M$,而 $P_M\Phi_{M+1}=0$,因此有:

$$\Phi_M = Q_M \tag{3-117}$$

这样,从式(3-117)出发,利用式(3-112)逐个回代,即可得到 $\Phi_i(i=M-1,M-2,\cdots,1)$。

上述 TDMA 算法充分利用了系数矩阵的稀疏性特点,一方面计算量很小,另一方面可以节约大量内存,只需存储非对角元素即可。因此,上述算法在计算流体力学及计算传热学领域应用很广。

二、交替方向 TDMA 算法

方程组(3-110)为五对角方程组,虽然不能直接利用 TDMA 算法,但可以使用交替方向隐式方法,即在每个坐标方向上分别采用 TDMA 算法进行直接求解,而在其他方向上则用显格式处理的方法。

首先,将式(3-110)写为

$$a_P\Phi_P = a_E\Phi_E + a_W\Phi_W + a_N\Phi_N^* + a_S\Phi_S^* + b \tag{3-118}$$

其中,上标“ * ”表示上一迭代层次的值,这样可以将式(3-118)中的后三项视为源项,方程组变为三对角形式,可以沿 W—E 方向逐层利用 TDMA 算法进行计算,一般要经过多次扫描才可以达到一定精度要求。

其次,将式(3-110)写为

$$a_P\Phi_P = a_N\Phi_N + a_S\Phi_S + a_E\Phi_E^* + a_W\Phi_W^* + b \tag{3-119}$$

仍然将后三项视为源项,在 S—N 方向逐层进行扫描,每扫描一次,相当于解一系列三对角方程组,用 TDMA 算法即可。

这样,经过反复实行上述过程,可使所求变量值达到精度要求。这就是交替方向 TDMA算法,它将较为复杂的二维或三维问题转化为一维问题,进而可以使用高效的 TDMA算法来求解,简单实用,计算量及存储量都较小。本书使用交替方向 TDMA 算法对动量方程、k 方程、ε 方程、泥沙连续性方程及水位校正方程的离散方程进行求解。另外,在网格生成时使用了 Poisson 方程法,该方程的离散形式也如式(3-110)所示,仍然可以使用交替方向 TDMA 算法求解。

第五节　平面二维水沙数学模型的初始条件和边界条件

本书建立的水沙数学模型是非恒定模型,需要给出计算开始时刻的所有变量值,即初始条件,计算才能启动,另外还需给定边界条件。平面二维水沙数学模型的边界条件包括

流动进口边界、出口边界条件、壁面边界。边界条件的不同处理，对整个数值模拟结果影响较大，甚至关系到整个数值计算的成败。本书建立的平面二维紊流水沙数学模型，不但含有水流，而且含有泥沙，涉及紊流边界条件和动边界条件，这给边界条件的处理带来一定的难度和挑战。以下分别进行讨论。

一、初始条件

在模拟时，需给定以下一些初始条件。

(一)河岸边界位置

对于边界网格节点处的坐标值，可根据在一些实测点处的坐标值进行插值得到。为了得到比较光滑的河岸曲线，一般可利用三次样条插值来实现。

(二)河床高程

根据实测的一些点处的河床高程值，通过插值得到各网格节点处的河床高程值，即为初始时刻的河床高程。

(三)水位分布

初始水位可根据进出口水位边界条件来给定。若在出口边界处给出水位，初始时刻全场水位值可统一取为出口水位值。但当模拟河段较长、水位落差较大时，这样取值往往会使上游部分位置水位低于河床高程，使得计算无法进行下去。为避免出现这种情况，可参考实测结果给定水力坡降，使得沿程水位不断下降，直到出口边界处水位等于给定水位值。这样处理，一方面可以避免出现上述现象，另一方面可以加速计算过程。本书采用后一种方法来给定水位分布。

(四)流速分布

初始流速分布的给定，一般可以采用两种方式：一种是冷启动，另一种是热启动。冷启动除进口边界处外，全场流速均取为零。这种处理方式比较简便，但达到稳定流速分布需要较长时间。热启动是指初始时刻给定各点合理的流速分布值。可给定各断面处的流速分布与进口处流速分布完全相同，亦可将上一时段流速模拟结果当成下一时段的初始流速。热启动往往可以大大缩减模拟时间。本书在开始模拟时采用冷启动方式，在进行下一时段或同一工况但不同含沙量的数值模拟时，采用热启动方式。

(五)紊动动能 k 及其耗散率 ε 的分布

在流速应用冷启动给定时，k 和 ε 的初始值并不能直接赋零，否则会使程序无法进行下去。根据作者的数值模拟经验，本书在数值模拟时，除进口边界外，k 的初值取为0.01，而 ε 的初值取为0.001。若流速应用热启动给定，k 和 ε 的初始值可利用流速进行计算，或将上一时段相应的计算值取为初值。

(六)悬移质含沙量及其粒径级配的分布

可根据实测值给定初始时刻全场悬移质含沙量及粒配分布。若实测资料比较缺乏，可取初始时刻全场悬移质含沙量及其粒配与进口边界处相应值完全相同。

(七)床沙粒径级配分布

床沙粒径级配会随着河床冲淤变化而发生一定变化。在初始时刻，一般需给定床沙粒径级配,可根据实测值给定。

二、边界条件

在数值模拟时,除上述初始条件外,还需给定以下边界条件。

(一)进口边界

在进口边界给定流速 U_{in}、各粒径组悬移质含沙量 S_L、推移质输沙率 $g_{b,L}$、紊动动能 k 及其耗散率 ε。对于非恒定流,需要给定这些变量随时间变化的过程。U_{in}、S_L 和 $g_{b,L}$ 可根据实测值给定;k 和 ε 可按下式计算[31]:

$$k = \frac{3}{2}(IU_{in})^2, \varepsilon = C_\mu^{\frac{3}{4}} \frac{k^{\frac{3}{2}}}{0.1R} \tag{3-120}$$

式中:I 为紊动强度,一般可取为 10%;R 为水力半径,可取为水深 h。

水位 z 在进口处的值不给定,在计算中根据下游水位自动进行调整。本书曾对 I 取三个不同的值(5%、10%、15%)进行了数值模拟,发现 I 的不同取值对水流进口附近流速、水位、紊动动能 k 及其耗散率 ε 的模拟结果有一定影响,而对远离水流进口的区域,其影响甚微,可以忽略不计。由于本书主要研究区域离进口较远,故紊动强度 I 的微小变化对模拟结果的影响可以略去。

(二)出口边界

在出口边界给定水位 z 的过程值,流速 u、v 和紊动动能 k 及其耗散率 ε 均按充分发展边界条件处理。当出口处有各粒径组悬移质含沙量 S_L 及推移质输沙率 $g_{b,L}$ 实测数据时,可在出口处给定各粒径组含沙量及推移质输沙率。否则,出口处的含沙量及推移质输沙率可按充分发展条件处理。由于缺乏相应实测资料,本书在出口边界处按充分发展条件处理 u、v、k、ε、S_L、$g_{b,L}$,即

$$\frac{\partial u}{\partial n} = \frac{\partial v}{\partial n} = \frac{\partial k}{\partial n} = \frac{\partial \varepsilon}{\partial n} = \frac{\partial S_L}{\partial n} = \frac{\partial g_{b,L}}{\partial n} = 0 \tag{3-121}$$

(三)壁面边界

利用第四节介绍的壁面函数法来处理壁面边界问题。另外,对流速采用无滑移固壁边界条件,对水位和悬沙含沙量,采用不可渗透边界条件,即

$$u = v = 0 \tag{3-122}$$

$$\frac{\partial z}{\partial \eta} = 0, \quad \frac{\partial S_L}{\partial \eta} = 0 \tag{3-123}$$

三、动边界处理

水沙运移过程伴随着河床的冲淤变化及水位的升降,与此同时,河岸边界或模拟区域也会随之发生变化。这就涉及动边界问题。计算区域中有水区域和无水区域的交界线即为动边界,如图 3-4 所示。动边界的处理是河道平面二维数值模拟的难点之一。在计算非恒定水沙模型时,水位及河床高程都随时间的变化而变化,从而造成水陆边界的不断移动,如果每一步都进行坐标变换生成新的计算网格,计算量是非常庞大的,在实际工程计

算中是不可取的。

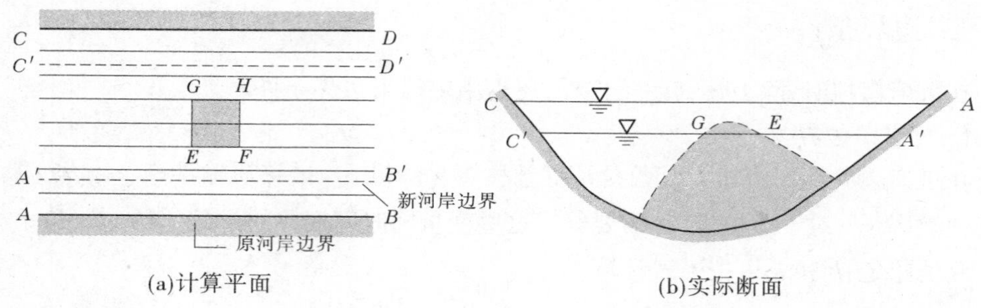

图 3-4　水位变化引起的动边界示意图

窄缝法[169]是处理动边界问题的一种重要方法。该方法的基本思想是:设在岸滩上各空间步长内存在一条很窄的缝隙,缝内的水和岸滩前的水相连,这相当于把岸滩前的水域延伸到岸滩内,这样就可以把计算边界设在岸滩的窄缝内,使动边界问题化为固定边界问题。然而,窄缝法需要将控制方程进行相应的变换,计算比较烦琐。

冻结法[170]是处理动边界问题的另一种有效的方法。计算时根据节点处水位 z 与河床高程 Z_b 的关系,判断网格节点是否露出水面,若 $z > Z_b$,则该网格节点不露出水面,曼宁系数取正常值,否则曼宁系数取一个接近无穷大的正数(如 $n = 1 \times 10^{10}$),将该曼宁系数代入动量方程中计算,可使流速 u、v 趋于零,这样用连续性方程计算该节点水位时,水位将冻结不变。在实际计算中,为防止因为水深为零或很小时,迭代中会出现的溢出或发散现象,对露出水面的节点给定一个虚拟的水深(如给定 $h_{min} = 0.05$ m),可使露出水面的节点与其他节点一样参与计算,将动边界问题转化为简单的定边界问题。

本书根据所建立的平面二维水沙紊流数学模型,将冻结法与壁面函数法结合起来,应用"移动边界的壁面函数法"[138]。具体方法如下:

如图 3-4 所示,水位变化后,使边界处的网格干出,原来的水陆边界 AB、CD 变成了新的水陆边界 $A'B'$、$C'D'$,这时壁面函数应布置在新的水陆边界 $A'B'$和 $C'D'$处;水域内河心洲由于水位的变化而露出,其内部按冻结法来处理,边界 $EFHG$ 周围也需用壁面函数法来处理。采用"水位扫描法"来判断新的水陆边界:从边界 AB 向 CD 扫描,如水深不为零,则令其为起始点;从边界 CD 向 AB 扫描,如水深不为零,则令其为终点;扫描水域内部,确定河心洲的边界 $EFHG$ 之后,对水陆边界实施壁面函数法。

第六节　水沙运移平面二维数值模拟基本过程

由于平面二维水沙运移数学模型可分为水流和泥沙两大模块,每一模块又由若干控制方程组成,整个计算过程非常复杂。在计算时,一方面要考虑各模块的计算顺序问题,另一方面要考虑计算结果的精度及计算的效率问题。

一、水流模块与泥沙模块的耦合问题

目前对水流模块及泥沙模块的耦合,通常有以下两种处理方法:

第一种是分离式计算方法。先计算水流模块,计算出流场及水位后水流模块停止工作,泥沙模块开始启动。这种方法计算量较小,但往往会带来较大误差。实际上,水流和泥沙是互相影响、互相作用的。泥沙模块启动后由于泥沙的输移会引起河床的变形,从而引起流速、水位的变化,如果流速、水位一直保持不变,势必会造成较大误差,反过来影响泥沙运移及河床变形的模拟精度。

第二种处理方法是耦合式计算,即水流模块与泥沙模块同时启动,实时进行信息交换。这种方法符合水沙运动实际,模拟精度较高。然而,这种方法计算量很大,在长时间长河段的数值模拟中必然会耗费很多时间。

为了克服上述困难,本书提出一种水流和泥沙模块的半耦合算法,在计算精度上高于分离式算法,在计算量上比耦合式算法要小得多。该算法在以下三个模拟时段上对水流模块和泥沙模块有不同的处理方式。

(1)第一模拟时段。

在计算开始的前若干时间步,先启动水流模块,泥沙模块不参与计算。因为开始计算时,水位、流速都是假定的,与实际有较大出入,如果泥沙模块也参与计算,往往会导致程序发散或造成一定的计算误差。针对所模拟河段,水流模块达到基本稳定模拟时间一般需要 5 h,若时间步长取为 12 s,可在约前 1 500 个时间步前只启动水流模块即可。

(2)第二模拟时段。

水流模块基本稳定后,同时启动水流模块和泥沙模块,计算若干时间步,使得水流和泥沙实时进行信息交换,水流模块更加稳定。如可在水流模块基本稳定后再将两个模块同时启动数值模拟 7 h,总体模拟时间达到 12 h 左右。

(3)第三模拟时段。

第二模拟时段后,流速、水位在每个时间步已经变化非常小,如果每个时间步水流模块都参与计算,势必会造成计算资源的巨大浪费。这是因为水流模块在整个计算中占用时间较多,相当于泥沙模块计算时间的 2 ~5 倍,具体视非均匀沙分组数不同而不同。但是,如果仅启动泥沙模块,经过较长时间的冲淤变形,对水流条件(如流速、水位等)也会产生较大影响。

鉴于上述原因,在这一时段,水流模块采用间歇式启动的方式,即水流模块每隔一个固定时间后启动,工作一段时间后停止;接着再启动,再停止,如此循环,直到达到指定模拟时间。针对所模拟河段,具体时间间隔可取为 12 h,即每隔 12 h 启动水流模块一次,计算 1 h 后再停止水流模块。

二、平面二维水沙运移数值模拟计算流程

平面二维水沙运移的数值模拟是一个较为复杂的系统,现将主要计算流程介绍如下:

(1)确定数值模拟区域及进出口边界条件。

获取模拟区域的地形资料，包括部分实测点的河床高程、河岸位置坐标，根据实测流量、水位、含沙量等物理量，给定进出口边界条件。

(2)将模拟区域利用 Poisson 方程法进行适体坐标变换。

通过适体坐标变换，将不规则的物理区域变为规则的计算区域；在计算区域上进行均匀网格剖分，ξ、η 方向空间步长均可取为 1；求解相应的 Poisson 方程边值问题，得到原物理平面上各节点的位置坐标；根据实测点上的河床高程，利用二维插值公式，求得网格节点上的河床高程；计算坐标变换的相关参数。

(3)对原直角坐标系下平面二维水沙运移紊流数学模型的控制方程进行坐标变换。

平面二维水沙运移紊流数学模型的控制方程包括连续性方程、动量方程、k 方程、ε 方程、泥沙连续性方程等，可利用坐标变换公式，对这些控制方程进行坐标变换，得到适体坐标系下对应的控制方程。

(4)利用有限体积法(FVM)对各控制方程进行离散。

利用 FVM 对适体坐标系下各控制方程进行离散，其中非恒定项利用隐式差分格式，对流项采用延迟修正的 QUICK 格式，扩散项采用中心差分格式，源项进行局部线性化处理，得到离散形式的代数方程组，可使用交替方向的 TDMA 算法进行求解。

(5)利用 SIMPLEC 算法求得各节点流速、水位、紊动黏性系数值。

利用压力修正算法中的 SIMPLEC 算法，可求出各节点处的流速、水位、紊动动能及其耗散率、紊动黏性系数值。

(6)悬移质泥沙不平衡输沙过程的计算。

利用挟沙力公式(2-65)计算悬移质挟沙力；根据(2-69)计算分组挟沙力级配；根据式(2-72)计算混合沙平均沉速；根据式(2-73)计算出分组水流挟沙力；利用悬移质泥沙输移方程计算出各粒径组悬移质含沙量分布，并求和得到总含沙量分布；利用式(3-59)计算各粒径组悬移质泥沙引起的河床冲淤厚度。

(7)推移质输沙的计算。

由式(3-61)求出各粒径组推移质引起的冲淤厚度，并求和，得到总的冲淤厚度。

(8)床沙级配的计算。

由式(3-63)求出新的床沙级配。

(9)新的河岸边界的确定。

根据河床冲淤变化，确定新的水陆边界，并根据壁面函数法在水陆边界上确定边界条件。

(10)重复步骤(5)～(9)直到达到指定的迭代步。

根据本章第七节中水流模块和泥沙模块的半耦合算法进行循环，直到达到预定的模拟时间。

为了方便理解，现将整个计算流程用图 3-5 表示。图中 t_1 为开始计算时为使水流模块基本稳定所需的计算时间，t_{max} 为所给定的总计算时间。

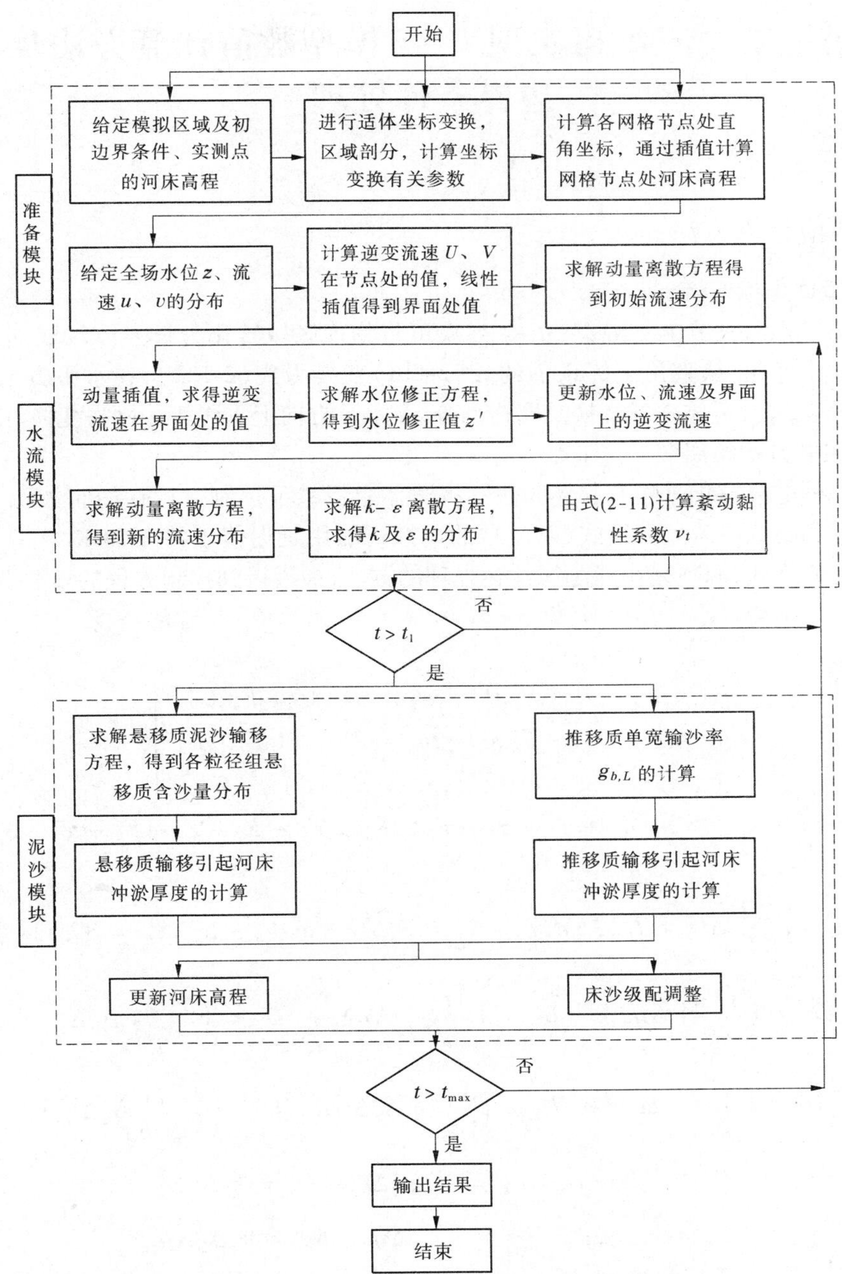

图 3-5　平面二维水沙紊流数学模型计算流程

第七节　三维可实现 $k-\varepsilon$ 模型数值计算方法及边界条件处理

一、数值计算方法

(一)适体坐标变换

利用第二章第三节中所讲 $\xi-\eta-\zeta$ 变换可将物理区域转化为长方体区域,但控制方程也相应发生变化,从直角坐标系下的式(2-113)变换为式(2-122),在水平方向上采用 Poisson 方程法进行适体坐标变换及网格剖分,在水平方向上采用等分网格变换。

(二)控制方程的离散

控制方程的离散仍采用有限体积法。将适体坐标系下控制方程在控制体积上积分,非恒定项采用隐式一阶差分格式,对流项的离散仍然用延迟修正的 QUICK 格式,扩散项利用中心差分格式,源项采用局部线性化处理的方法,最后得到控制方程的离散形式为

$$a_P\Phi_P = a_E\Phi_E + a_W\Phi_W + a_N\Phi_N + a_S\Phi_S + a_T\Phi_T + a_B\Phi_B + S'_A \tag{3-124}$$

其中

$$\left.\begin{aligned} a_E &= D_e + [|-F_e,0|],a_W = D_w + [|F_w,0|] \\ a_N &= D_n + [|-F_n,0|],a_S = D_s + [|F_s,0|] \\ a_T &= D_t + [|-F_t,0|],a_B = D_b + [|F_b,0|] \end{aligned}\right\} \tag{3-125}$$

$$a_P = a_E + a_W + a_N + a_S + a_T + a_B + F_e - F_w + F_n - F_s + F_t - F_b + a_P^0 - S'_B \tag{3-126}$$

$$a_P^0 = \frac{\Delta\Omega}{\Delta t},\Delta\Omega = J_P\Delta\xi\Delta\eta\Delta\zeta,\quad S'_A = S_A\Delta\Omega + a_P^0\Phi_P^0 + S_{ad}^*,S'_B = S_B\Delta\Omega \tag{3-127}$$

$$D_e = \left(\frac{\tilde{A}\Gamma_\Phi}{\delta\xi}\right)_e\Delta\eta\Delta\zeta,\quad D_w = \left(\frac{\tilde{A}\Gamma_\Phi}{\delta\xi}\right)_w\Delta\eta\Delta\zeta,\quad D_n = \left(\frac{\tilde{A}\Gamma_\Phi}{\delta\eta}\right)_n\Delta\xi\Delta\zeta$$

$$D_s = \left(\frac{\tilde{A}\Gamma_\Phi}{\delta\eta}\right)_s\Delta\xi\Delta\zeta,\quad D_t = \left(\frac{\tilde{A}\Gamma_\Phi}{\delta\zeta}\right)_t\Delta\xi\Delta\eta,\quad D_b = \left(\frac{\tilde{A}\Gamma_\Phi}{\delta\zeta}\right)_b\Delta\xi\Delta\eta$$

$$F_e = \tilde{U}_e\Delta\eta\Delta\zeta,\quad F_w = \tilde{U}_w\Delta\eta\Delta\zeta,\quad F_n = \tilde{V}_n\Delta\xi\Delta\zeta$$

$$F_s = \tilde{V}_s\Delta\xi\Delta\zeta,\quad F_t = \widetilde{W}_t\Delta\xi\Delta\eta,\quad W_b = \widetilde{W}_b\Delta\xi\Delta\eta$$

式中:S_A 和 S_B 如式(2-130)所示;S_{ad}^*为由于使用延迟修正的 QUICK 格式而附加的源项。

(三)模型求解

模型方程仍采用压力修正算法中的 SIMPLEC 算法[138]进行计算,离散后的代数方程组仍采用交替方向 TDMA 算法求解。

二、三维可实现 $k-\varepsilon$ 模型的边界条件

(一)岸壁边界

可实现 $k-\varepsilon$ 模型在一定的假设条件下,不仅适用于高雷诺数区域,而且适用于低雷诺数区域,可以把微分方程一直积分到壁面。但是,由于近壁面黏性底层内的速度梯度很大,用上述方法计算时需要布置相当多的节点,导致计算机时和所需的计算机内存较多。这在工程计算中很不经济。本书采用壁面函数法来处理。

(二)进口边界

进口给定流速分布、紊动动能和紊流动能耗散率,进口流速根据实测三维流速通过插值给定,k 和 ε 通过下式给出[31]:

$$k=\frac{3}{2}(IU_{in})^2,\quad \varepsilon=\frac{0.09^{\frac{3}{4}}k^{\frac{3}{2}}}{0.1R} \tag{3-128}$$

式中:I 为紊流强度,这里取 10%;R 为水流进口处的水力半径,可取为水深 h;U_{in} 为进口断面平均流速。

(三)出口边界条件

按充分发展边界条件处理,即

$$\frac{\partial \Phi}{\partial z}=0 \tag{3-129}$$

其中,Φ 为 u_1、u_2、u_3、P、k、ε。

(四)自由水面边界

根据平面二维数值模拟结果给出水位分布,并采用刚盖假定,即规定:

$$\frac{\partial \Phi}{\partial z}=0,u_3=0 \tag{3-130}$$

其中,Φ 为 u_1、u_2、P、k、ε。

第八节　小　结

本章主要介绍了平面二维水沙运移数学模型及三维水流运动紊流数学模型的数值求解方法。对数值求解中一些关键技术、方法及计算流程等进行了系统介绍。

第一节介绍了对天然河道河流进行数值模拟时的适体坐标变换法。通过适体坐标变换,可将不规则天然河道边界转化为计算区域上的规则的矩形区域,以便进行网格剖分。

第二节介绍了利用有限体积法对平面二维 RNG $k-\varepsilon$ 泥沙模型控制方程进行离散的基本过程。

第三节介绍了数值计算中对压力(水位)和速度的耦合问题的处理方法——SIMPLEC 算法及其在同位网格中的实施。

第四节介绍了离散后代数方程组的求解方法——交替方向 TDMA 算法,这是求解对流扩散问题离散方程组的高效方法。

第五节介绍了水沙数值模拟时需给出的初始条件和边界条件及其处理技巧。

第六节给出了利用所建立的平面二维水沙紊流数学模型对水流运动及泥沙运移进行数值模拟时的基本计算过程,并用流程图表示出来。

第七节介绍了利用三维紊流数学模型进行数值计算时数值计算方法及边界条件的处理技巧。

通过前面三章内容的介绍,使读者对水流运动、泥沙输移及河床变形数值模拟过程有了较为全面并且详尽的了解。

第四章　弯道水沙运移特点及水沙实测结果分析

第一节　大柳树—沙坡头河段概况

黄河大柳树—沙坡头河段位于宁夏回族自治区中卫市境内，入口处在拟建的大柳树水利枢纽坝址上游，出口处在沙坡头水利枢纽坝址附近，全长13.4 km。拟建的大柳树水利枢纽位于甘肃省与宁夏回族自治区的接壤处——黄河干流黑山峡的出口处，库区总长185 km，水位天然落差约137 m。总库容110亿 m^3，经水库冲淤平衡，50年后还可保留50亿 m^3 调节库容，是黄河上游干流骨干工程中唯一可以实施水沙综合调节的水库。已建的沙坡头水利枢纽位于大柳树下游约12 km处，于2004年3月第一台机组投运，2005年5月底6台机组全部投运，是一座以灌溉、发电为主的综合性水利工程。原始库容2 600万 m^3，多年平均径流量为336亿 m^3。

黄河大柳树—沙坡头河段大部分位于沙坡头水利枢纽库区内，共布设20个淤积测验断面，如图1-1所示。该河段地形复杂，河势曲折，由5个连续弯道组成，平面上呈Ω形，为典型的弯道河段，如图1-1所示。上游从断面SH15到断面SH10，为黑山峡谷出口处，河面较窄（平均宽度仅为135 m左右），水流湍急，水位落差较大（在正常水位条件下水位比降可达3‱左右）。从断面SH10到沙坡头坝址处，水面较宽（平均水面宽可达300 m），水流较缓，水位落差较小（在正常水位条件下水位比降仅为0.6‱左右）。

为了叙述方便，现将该河段5个弯道分别用不同的符号表示出来。从上游到下游，这5个弯道依次为：弯道 A（断面SH15到断面SH13）、弯道 B（断面SH13到断面SH11）、弯道 C（断面SH11到SH7）、弯道 D（断面SH7到断面SHJ2）、弯道 E（断面SHJ2到断面SH1）。

第二节　弯道水流运动及河床变形特点

由于所研究河段为典型弯道河段，水沙运移及河床变形与顺直河段不太相同。为了对实测结果和数值模拟结果进行分析说明，这里首先将弯道水流运动及河床变形特点简单介绍如下。

Dietrich等[171]的实测结果表明，水流进入弯道后，由于离心力的作用，凸岸的水面降低，凹岸的水面升高，形成具有一定倾斜角度的横比降。工程上应用较多的是罗索夫斯基基于对数公式和马卡维耶夫斯基基于抛物线公式分别导出的两个横比降公式[172]。张红武[172]根据纵向流速公式和谢才公式，得到的水面横比降计算公式，能够反映水面横比降随含沙量的变化情况。然而，上述计算公式得出的水面横比降的值为沿程中的最大值。

实际上,水面横比降是沿程变化的,仅在环流充分发展的位置才达到最大值。刘焕芳[173]根据多家实测资料,给出水面横比降在进口直段、弯道段和出口段的不同分布公式,其中水面横比降与所在断面位置有关。

弯道的横向环流是表流指向凹岸,底流指向凸岸的弯道水流特有的运动状态。水流沿弯道作曲线运动时产生离心力,由于上层水流流速大,受到的离心力大,水流方向指向凹岸;而下层水流流速小,受到的离心力也小,水流方向指向凸岸。在纵向流速和横向流速的共同作用下,水流呈螺旋式向下游流动。在弯道环流的作用下,泥沙进行横向输移,引起弯道凸岸淤积而凹岸冲刷。自 1876 年 J. Thompson 在试验中发现弯道环流现象后,很多学者就一直致力于弯道水流运动特性的研究,并取得了丰硕的研究成果。关于弯道环流垂线平均流速的分布,已有许多半理论半经验的公式可供参考,如波达波夫公式、罗索夫斯基公式、张定邦公式、张红武公式等[172]。通常定义环流流速大小与垂线平均流速大小的比值为环流强度。试验表明[174],环流强度在水面和河底处大而在水深中部小,当曼宁系数变大后,河底处的环流强度明显减小;在深槽及主流附近,环流得以充分发展,而在浅滩处,环流强度迅速降低,在凸岸区域则更小。

Ippen 等[175]的试验表明,在单一弯道的上半部,纵向垂线平均流速沿横向的分布服从自由涡定律(面积定律),这时纵向垂线平均流速的大小与此点离开弯道曲率中心的距离成反比;在弯道的下半部,由于螺旋流得到充分发展,水流服从强迫涡定律,这时纵向垂线平均流速的大小与此点离开弯道曲率中心的距离成正比。关于弯道纵向垂线平均流速的分布,已有不少简化公式,如罗索夫斯基公式[176]、张植堂公式[177]等。

试验表明[178],弯道床面切应力的分布基本上与纵向垂线平均流速的分布一致,即在弯道的前半部分,高速区和高切力区均位于凸岸,而在弯道的后半部分,高速区和高切力区将逐渐移向凹岸。这反映了弯道坍岸一般出现在进口段的凸岸附近和出口段的凹岸附近。何奇、王韦和蔡金德[179]通过理论分析和试验,建立了弯道床面纵向切应力及横向切应力的计算公式。

曾庆华[180]通过试验发现,在横向环流的作用下,弯道中的底沙运动方向也是由凹岸斜指凸岸。当弯道曲率半径较小且弯角较大时,一部分离开凹岸上段的底沙,才能推移到对面的凸岸上,形成异岸转移;否则,离开凹岸的泥沙在尚未到达对岸时,就已经冲出弯段,带向下一个弯道的凸岸,形成同岸转移。在弯道横向环流的作用下,形成弯道悬移质横向输沙的不平衡,凸岸附近含沙量较大且泥沙较粗,含沙量沿水深分布很不均匀;而凹岸附近,含沙量较小且泥沙较细,含沙量分布较均匀[181]。

弯道中由于横向输沙不平衡,将导致凹岸附近河床产生冲刷,河岸出现坍塌,而凸岸附近河床出现淤长现象。凸岸的淤长和凹岸的坍塌崩退在数量上近似相等,在过程上也基本相对应,因此河道在变形过程中能维持一定的宽深比例。

第三节　主要测量仪器及测量人员

美国 SonTek 公司的声学多普勒流速剖面仪(River CAT),俗称“河猫”,是一部完整的河水流量测量数据装置,由声学多普勒三声束水流断面流量测量仪主机和集成电子控制器等硬件设备和 RiverSurveyor 测量软件、定点测流软件等软件系统组成。测量时，“河猫”系统采集的数据实时传输到运行 RiverSurveyor 软件的电脑中。采用底跟踪技术，“河猫”系统可以用于测量断面流量、水深、面积和三维水流流速等数据，简单快捷。图 4-1为 SonTek 公司生产的 River CAT。

图 4-1　声学多普勒流速剖面仪(River CAT)

回声测深仪(ESE－50)是由美国生产的一款基于 ESE－50 主板的微型超声波测深仪，操作简单，工作稳定，由电脑显示和存储数据，主要用于水文测验和工程测量。在测量时，将该仪器和声学多普勒流速剖面仪同时使用，同步采集数据，可以对比测量的水深大小。

由常州二电仪光电子装备有限公司生产的激光测距仪(JCM－4)，具有体积小、重量轻、功能全、测程远、操作简便等特点，广泛适用于航道、河床、邮电光缆和电力电缆铺设、铁路和公路修筑、油田地矿的勘测等领域的距离测量和目标方位的确定。该仪器测程为 30～5 000 m，误差为 0.5 m 左右。在大柳树—沙坡头河段实测中，该仪器主要用于测量黄委预设的桩号与水边的距离、水面宽。

由辽宁省丹东百特仪器有限公司生产的激光粒度分析仪(BT－9300H)，具有准确可靠、测试速度快、重复性好、操作简便等突出特点，是集激光技术、计算机技术、光电子技术于一体的新一代粒度测试仪器。该仪器是根据颗粒能使激光产生散射这一物理现象测试粒度分布的。测试范围为 0.1～340 μm，误差小于 1%。

另外，项目组在测量中用到的仪器还有深水采样器、GPS 手持机、对讲机、水准仪、笔记本电脑等。

测量人员由项目组部分成员、研究生、具有多年测量经验的专业测量人员和船工组成，共 10 人左右。

第四节　实测结果及分析

沙坡头水利枢纽建成后，库区泥沙淤积严重，导致有效库容减少，利用率下降。为了掌握沙坡头水库水流特征及泥沙冲淤变化规律，验证数值模拟结果，在宁夏沙坡头水利枢组有限公司和黄委宁蒙水文水资源局的大力协助下,2008 年 7 月 15 ~ 17 日(第一次)、2008 年 12 月 5 ~ 7 日(第二次)、2009 年 7 月 16 ~ 18 日(第三次),项目组对大柳树—沙坡头河段分别进行了实测。测量了部分断面的三维流速、水深、水位和河宽,并对部分实测断面悬移质泥沙进行取样,利用激光粒度分析仪进行分析,得到了各断面不同位置处的悬移质泥沙级配。

表 4-1 给出了 2008 年 7 月实测的 8 个典型断面处的一些基本数据,包括断面编号、距坝里程、流量、水位、最大水深、平均水深、河宽和断面平均流速等数据。其中,断面编号采用黄委的编号,距坝里程也采用黄委测量的数据,水位、水深、河宽等数据是通过 River CAT、回声测深仪和激光测距仪等仪器实测得到的。这次实测的平均流量约为 930 m^3/s。

表 4-1 2008 年 7 月实测基本数据

断面编号	距坝里程(km)	流量(m^3/s)	水位(m)	最大水深(m)	平均水深(m)	河宽(m)	平均流速(m/s)
SH4	3.72	915.02	1 240.70	7.71	5.38	219.4	0.78
SHJ3	4.16	809.35	1 240.72	7.18	4.85	247.6	0.67
SH6	5.60	920.35	1 240.88	7.13	3.94	325.9	0.69
SHJ4	6.10	897.80	1 240.98	6.67	4.76	269.8	0.70
SH7	6.70	906.44	1 240.91	7.01	4.57	250.4	0.79
SHJ5	8.05	975.08	1 241.03	6.04	4.53	251.4	0.86
SH9	8.75	977.63	1 241.14	6.77	5.13	168.5	1.13
SH10	9.61	1 240.97	1 241.39	14.47	7.95	131.1	0.99
平均值		955.33	1 240.97	7.87	5.13	233.0	0.83

从表 4-1 可以看出,水位从上游到下游呈减小的趋势。断面 SH10 比较窄深,水面宽只有 131.1 m,最大水深达 14.47 m,水流湍急,平均流速为 0.99 m/s。断面 SH6 比较宽浅,最大水深为 7.13m,平均水深只有 3.94 m,断面平均流速为 0.69 m/s。

由所测水位减去水深即可得到断面河床高程分布。将河床高程与断面垂线平均流速套绘在一起,得到图 4-2。其中,横坐标表示从左岸到右岸的距离,单位为 m。从图 4-2 中可以看出,断面 SH10 位于弯道 *C* 进口处,靠近凸岸处水深较大,流速较大,流速分布符合自由涡定律。当弯道中心角较大时,强迫涡得到充分发展,流速的最大值逐渐由凸岸向凹岸转变。断面 SH9 和 SHJ5 位于弯道 *C* 的弯顶附近,最大流速逐渐靠近凹岸。断面 SH7 位于弯道 *C* 出口处,弯道水流得到充分发展,流速的最大值在弯道 *C* 的凹岸附近,这完全符合强迫涡定律。弯道 *D* 左岸为凹岸,右岸为凸岸。从图 4-2 可以发现,从断面 SH7 到断面 SH4,最大流速逐渐从凸岸向凹岸转变,再次验证了自由涡和强迫涡定律。

从河床高程来看,在图 4-2 中可以看出,从断面 SH10 到断面 SH7,主槽由靠近左岸处逐渐向右岸过渡,从断面 SH7 到断面 SH4,主槽再从靠近右岸处回到左岸,反映了弯道水沙运动的一般规律:凹岸冲刷,凸岸淤积。

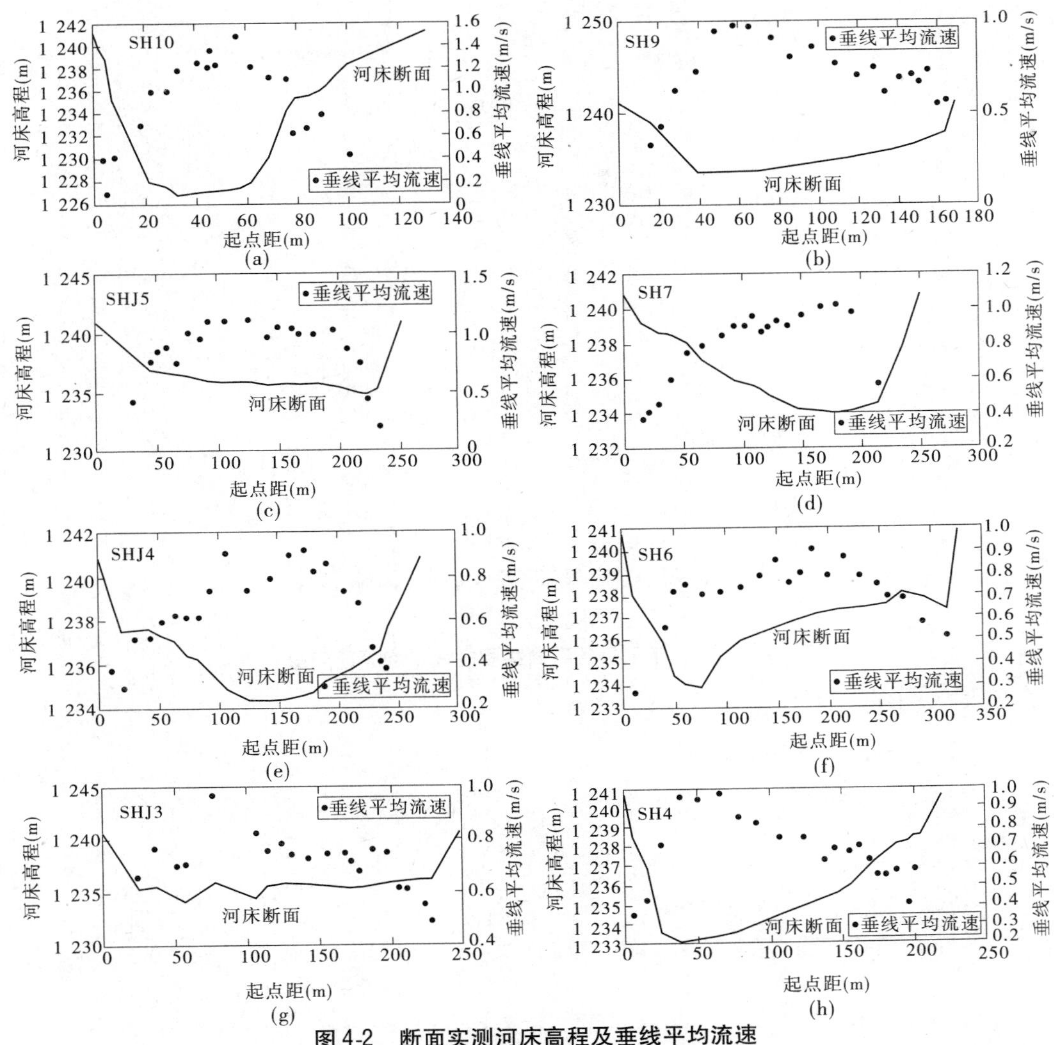

图 4-2　断面实测河床高程及垂线平均流速

图 4-3 给出了第一次实测的 8 个断面处垂线平均流速矢量图。该图更加直观地反映了弯道中水流运动的一般规律：在弯道进口附近，流速从凸岸到凹岸，逐渐减小，最大流速靠近凸岸；在弯顶处，从凸岸到凹岸，流速逐渐变大，最大流速靠近凹岸；在弯道出口段，最大流速又逐渐向凸岸靠近。

弯道与顺直河道的流速分布规律截然不同。在顺直河道中，一般流速在河道中心处较大，靠近岸边较小，呈抛物线分布。

为了研究河床冲淤情况，把 2008 年 7 月用“河猫”系统实测的河床高程与 2004 年 7 月及 2007 年 7 月用回声测深仪所测河床高程进行比较，将三次的实测结果套绘在一起，如图 4-4 所示。图中横坐标 y 表示距离左岸的距离，单位为 m，纵坐标 z 表示河床高程，单位为 m。限于篇幅，这里仅讨论四个断面（SH4、SH6、SHJ4 和 SHJ5）的测量结果。断面 SHJ5 位于弯道 C，左岸为凸岸，右岸为凹岸。断面 SHJ4、SH6 和 SH4 位于弯道 D，左岸为

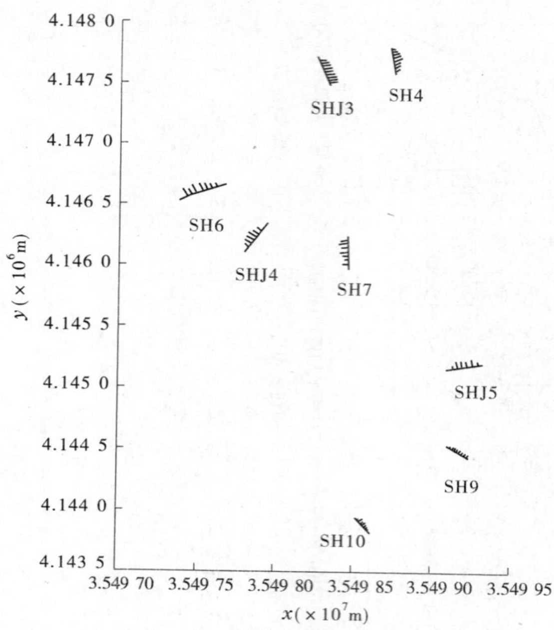

图 4-3　2008 年 7 月各断面实测垂线平均流速矢量

凹岸，右岸为凸岸。

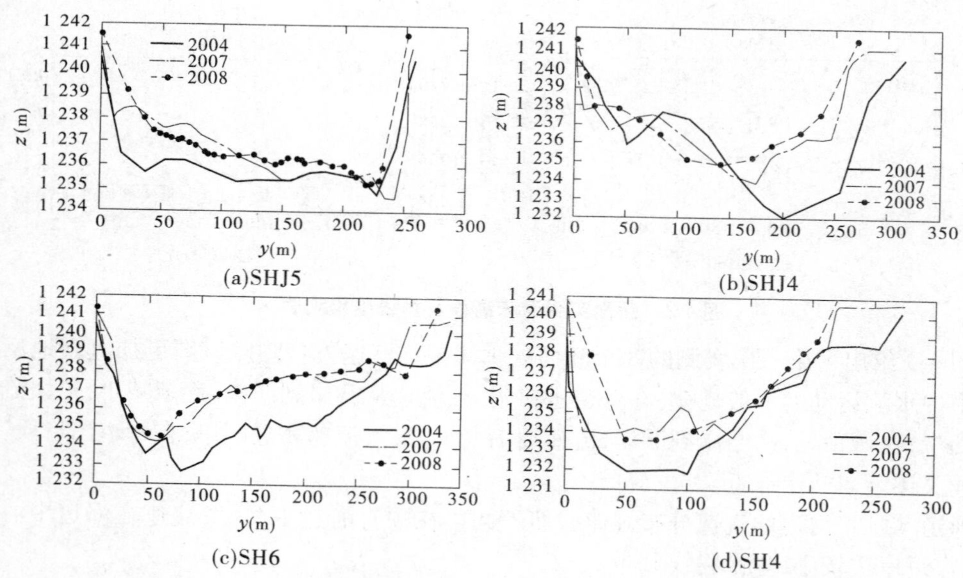

图 4-4　2008 年 7 月实测河床高程与 2004 年 7 月和 2007 年 7 月所测结果比较

与 2004 年水库开始投入使用时相比，2007 年各断面河床普遍淤积。断面 SHJ5 凸岸淤积严重，凹岸有轻微冲刷现象。断面 SHJ4 和断面 SH6 同样凸岸淤积，凹岸有轻微冲刷现象或者出现淤积。断面 SH4 不同位置均有不同程度的淤积。

通过比较 2008 年与 2007 年实测结果后发现，各断面有冲有淤，冲淤基本处于平衡状态。断面 SHJ5 凸岸有所冲刷，凹岸有所淤积；断面 SHJ4 凸岸继续淤积，凹岸继续冲刷；断面 SH6 整体有轻微的淤积；断面 SH4 凹岸有一定的冲刷，凸岸附近有轻微的淤积。

以上分析反映了弯道河床冲淤的一般规律：凸岸淤积，凹岸冲刷。但个别断面会有所反常，如断面 SHJ5，这是因为受上游来水来沙等诸多因素的影响，弯道水沙运动呈现出高度的复杂性。

利用深水取样器在每个断面靠近左岸、右岸和河中心处分别取样一次并利用激光粒度分析仪进行泥沙粒度分析，结果如表 4-2 所示。通过分析各断面悬移质泥沙粒径分布可以发现，从断面 SH10 到断面 SH4，悬移质泥沙中值粒径呈减小的趋势。从断面 SH10 到断面 SH4，断面平均流速逐渐减小，水流挟沙力减小，粗颗粒泥沙下沉，从而导致悬移质泥沙中值粒径减小，床面出现淤积。

表 4-2　各断面悬移质泥沙中值粒径　（单位：μm）

断面号	靠近左岸处	河中心处	靠近右岸处	平均中值粒径
SH4	8.56	6.86	9.69	8.37
SHJ3	7.28	9.87	9.67	8.94
SH6	8.59	10.61	9.63	9.61
SHJ4	10.35	10.02	11.35	10.57
SH7	10.36	7.32	10.68	9.45
SHJ5	11.88	10.73	10.01	10.87
SH9	12.06	11.38	10.91	11.45
SH10	18.79	18.20	16.80	17.93
平均值	10.98	10.62	11.09	10.90

分析各断面悬移质泥沙的横向分布发现，流速较大处，一般悬移质泥沙中值粒径也比较大，反之若流速较小，则该处悬移质泥沙中值粒径也较小。由此可见，垂线平均流速对悬移质粒径分布影响较大。

为了对沙坡头水库库区泥沙分布规律有进一步的了解，限于篇幅，本书仅选取断面 SHJ5 进行分析。根据断面 SHJ5 左岸附近、中心处、右岸附近分别取样的悬移质泥沙粒径实测数据，绘制了泥沙级配曲线，如图 4-5 所示。断面 SHJ5 的粒径分布近似呈正态分布，粒径范围为 0.5 ~ 76 μm，d_{10} = 2.71 μm，d_{90} = 29.05 μm，d_{50} = 10.73 μm。通过简单计算可知，该断面 80% 的悬移质泥沙粒径为 2.71 ~ 29.05 μm。

综合各断面实测结果，沙坡头库区悬移质泥沙粒径一般为 0.2 ~ 100 μm，80% 的悬移质泥沙粒径一般为 2 ~ 30 μm。

2008 年 12 月 5 ~ 7 日和 2009 年 7 月 16 ~ 18 日，项目组又前后两次赴大柳树—沙坡头河段进行现场实测。有了上次实测经验的积累，这两次实测进展比较顺利，分别完成了 14 个和 13 个断面的实测工作。表 4-3 和表 4-4 分别列举了这两次实测的一些主要数据。

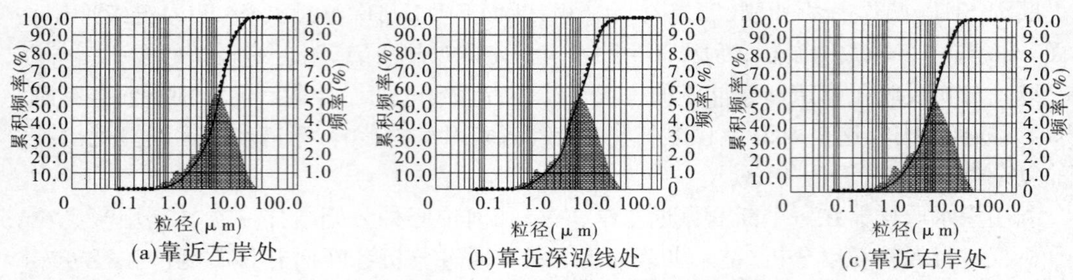

图 4-5 断面 SHJ5 悬移质泥沙级配曲线

这两次实测分别选择在冬季和夏季。冬季(第二次实测)流量较小(平均流量仅为 500 m^3/s 左右),流速较小(平均流速仅为 0.5 m/s 左右),水深较小(平均水深为 4.5 m),水位较低(平均水位为 1 240 m),河宽较窄(平均河宽为 222 m);夏季(第三次实测)则流量变大(平面流量为 830 m^3/s 左右),流速变大(平均流速为 0.7 m/s),水深、水位、河宽都相应变大。

表 4-3 2008 年 12 月实测数据汇总

断面编号	离坝距离(km)	流量(m^3/s)	水位(m)	最大水深(m)	平均水深(m)	河宽(m)	平均流速(m/s)
SH2	1.78	466.02	1 239.71	7.78	5.39	212.1	0.35
SH3	2.59	443.84	1 239.73	5.30	4.51	269.5	0.31
SHJ2	3.04	444.71	1 239.74	4.98	4.6	267.5	0.33
SH4	3.72	576.82	1 239.78	5.90	4.67	215.5	0.49
SHJ3	4.16	585.39	1 239.96	7.63	4.48	214.9	0.52
SH5	4.62	588.17	1 239.99	7.67	4.27	228.0	0.56
SH6	5.6	584.65	1 240.02	6.34	3.67	295.4	0.44
SHJ4	6.10	599.07	1 240.06	5.43	3.89	259.3	0.49
SH7	6.70	422.00	1 240.08	5.69	3.95	234.2	0.38
SH8	7.55	422.53	1 240.10	6.54	4.64	221.7	0.35
SHJ5	8.05	619.25	1 240.11	5.24	3.92	245.9	0.53
SH9	8.75	461.91	1 240.22	5.65	4.04	175.9	0.54
SH10	9.61	385.63	1 240.47	12.88	6.87	115.0	0.44
SH11	10.6	588.71	1 240.58	5.49	3.85	155.9	0.81
平均值		513.48	1 240.04	6.61	4.48	222.2	0.47

表4-4　2009年7月实测数据汇总

断面编号	离坝距离（km）	流量（m^3/s）	水位（m）	最大水深（m）	平均水深（m）	河宽（m）	平均流速（m/s）
SH3	2.59	916.90	1 240.65	6.27	5.35	274.8	0.62
SHJ2	3.04	977.23	1 240.88	7.00	4.96	280.7	0.70
SH4	3.72	852.48	1 240.35	7.83	5.67	229.7	0.65
SHJ3	4.16	830.28	1 240.43	8.80	5.86	212.3	0.67
SH5	4.62	812.00	1 240.51	8.06	4.74	261.9	0.66
SH6	5.60	742.90	1 240.59	7.19	4.32	303.5	0.57
SHJ4	6.10	865.91	1 240.68	7.13	5.11	256.9	0.66
SH7	6.70	850.88	1 240.76	7.24	4.80	241.5	0.73
SH8	7.55	833.59	1 240.84	7.52	5.53	246.0	0.63
SHJ5	8.05	804.68	1 240.84	6.37	4.76	246.0	0.69
SH9	8.75	865.58	1 240.84	6.77	5.11	174.0	0.97
SH10	9.61	739.37	1 240.85	14.44	7.92	124.2	0.75
SH11	10.60	746.65	1 241.86	6.22	4.64	147.0	1.03
平均值		833.73	1 240.78	7.76	5.29	230.65	0.72

第二次和第三次实测结果与第一次实测结果相比较，流速分布规律基本相同，这里就不再重复。现将三次实测的河床高程套绘在一起，来比较河床高程在一年内的变化情况。现仅就三个代表断面SH10、SH7和SH6作出图形，如图4-6所示。经过认真的比对分析，可以发现以下几个规律：

（1）2008年7月至2009年7月，所研究河段河床整体上呈现淤积现象。

黄河大柳树—沙坡头河段大部分位于沙坡头水利枢纽库区内，由于水库的修建，抬高了水位，在同流量下流速减小，水流挟沙力下降，因此河床会出现淤积现象。

（2）当流量减小时，河床高程增加，而当流量增加时，河床高程会减小。

2008年7月至2009年12月，流量减小，河床高程在一些断面上呈升高趋势，而2008年12月至2009年7月，流量增大，河床高程呈降低趋势。这反映了多沙河流大水冲刷、小水淤积的现象。

（3）凹岸附近河床出现冲刷现象，而凸岸附近河床淤积。

断面SH10可以看成是弯道B的出口段，左岸是凹岸，右岸是凸岸，右岸处有明显淤积现象，而左岸基本保持冲淤平衡状态；断面SH7位于弯道C的出口段，左岸为凸岸，右岸为凹岸，左岸处出现淤积，而右岸处则出现冲刷；SH6位于弯道D的弯顶段，左岸为凹岸，右岸为凸岸，在断面不同位置处均出现不同程度的淤积现象，在个别位置处个别时段也存在冲刷现象。

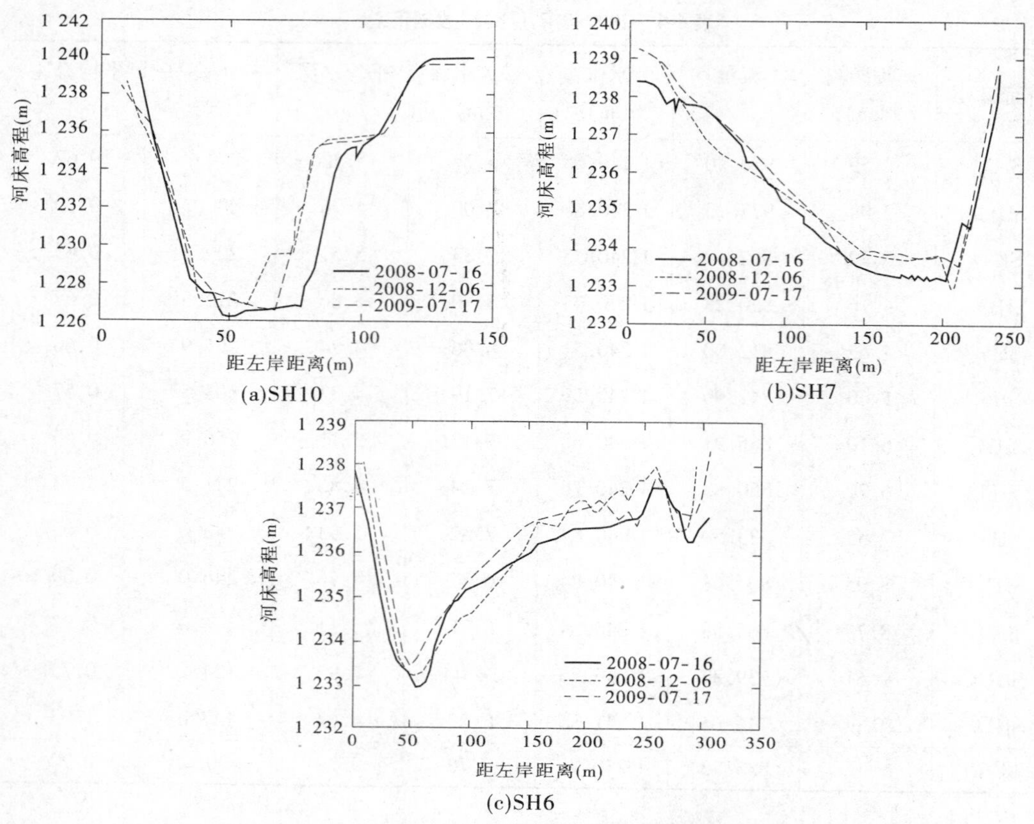

图 4-6　2008～2009 年三次实测河床高程比较

第五节　小　结

本章主要介绍了模拟河段的概况、弯道水流运动及河床变形的特点、对所研究河段进行的实测及结果分析。根据对沙坡头水库库区连续弯道典型断面垂线平均流速、河床高程和悬移质泥沙粒径分布实测结果的分析,得到了以下一些结论:

(1)断面平均流速沿程呈减小的趋势,悬移质泥沙中值粒径沿程也呈同样的趋势,反映了水流挟沙力随流速减小而减小的规律。

(2)垂线平均流速的最大值在第一个弯道进口段靠近凸岸,然后逐渐向凹岸过渡,在弯道出口段靠近凹岸;在下一个弯道,垂线平均流速最大值又从凸岸向凹岸逐渐过渡,反映了弯道水流的一般规律。

(3)通过与往年实测资料的比较发现,所研究河段河床整体上逐年呈淤积趋势,但局部区域河床出现冲刷。

(4)所研究河段悬移质泥沙粒径分布范围为 0.2～100 μm,80% 的悬移质泥沙粒径一般为 2～30 μm,反映了大柳树—沙坡头河段悬移质泥沙粒径分布较为集中。

(5)弯道弯顶段以后凹岸附近河床冲刷,而凸岸附近河床发生淤积。

(6)流量减小时,河床一般会发生淤积,而流量增大时,河床一般会发生冲刷。

第五章　黄河大柳树—沙坡头河段平面二维水沙数值模拟

第二章已经介绍了关于水沙运移的平面二维紊流数学模型，即 RNG $k-\varepsilon$ 紊流模型，第三章介绍了有关数值计算方法，第四章介绍了模拟区域的一些实测结果，本章将利用所建立的适体坐标系下的平面二维紊流水流数学模型，对黄河宁夏中卫市境内大柳树—沙坡头河段典型弯道的水流运动、泥沙运移和河床变形进行平面二维数值模拟研究。对大柳树—沙坡头长 13.4 km 的连续弯道水流运动和河床变形数值计算结果与实测结果进行对比分析，并计算四种典型工况下水面比降、悬移质泥沙分布、推移质输沙率、河床变形等，从而得到一些有益的结论。

为了反映弯道环流的影响，对动量方程进行了修正，紊流模型采用修正的 RNG $k-\varepsilon$ 模型。

模拟河段出口位于水流变化较为激烈的渐缩段，如果直接将其作为计算区域的出口，并在出口处使用充分发展边界条件，在出口处将会出现回流，最后导致计算结果及过程的不稳定。为此，在出口处人为地添加一段垂直于出口断面的顺直河段，收到了较好的模拟效果。

由于模拟河段较长，曼宁系数在全河段若取同一个值，模拟结果与实测结果的误差较大。本书根据河段特点，将模拟河段分成若干个子河段，在不同河段采用不同的曼宁系数值，建立了一种自适应算法，根据实测水位值，计算出不同子河段的曼宁系数值。这样，不但节省了试算曼宁系数的大量计算工作，而且模拟结果有明显改善。

另外，建立了一种关于水流模块和泥沙模块的半耦合算法，一方面保持了一定的计算精度，另一方面可节省大量计算工作。

第一节　数值模拟区域及初边界条件

一、模拟区域

模拟区域为大柳树—沙坡头河段，从断面 SH15 到断面 SH1，全长约 13.4 km，平均水面纵比降约为 0.15‰，部分河段水面纵比降可达到 0.28‰，而部分河段仅为 0.05‰，图 1-1给出了模拟区域平面示意图，而图 5-1 给出了模拟区域的三维立体示意图。

二、边界条件

为了验证数值模拟结果并对数值模拟结果进行比较分析，本书就四种典型工况分别进行计算。表 5-1 给出了四种典型工况下进出口边界条件，包括流量、出口边界水位、进口断面平均流速、进口断面悬移质含沙量、k 和 ε 的值。其中，进口断面平均流速由进口

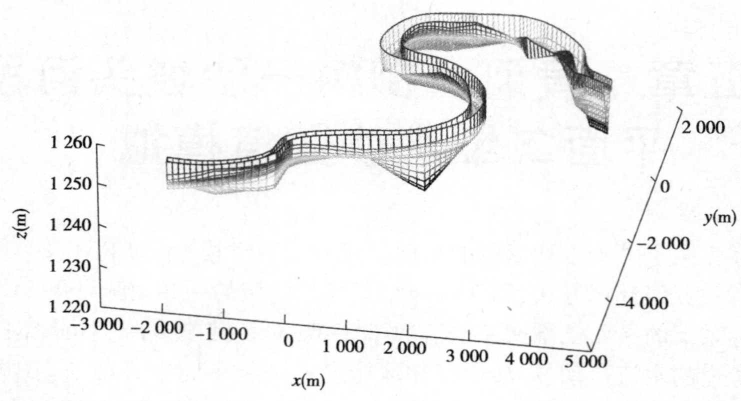

图 5-1　模拟区域三维示意图

断面流量除以进口断面面积得到，进口断面 k 和 ε 按式(3-120)计算得到。

表 5-1　四种典型工况边界条件

工况	进口边界					出口边界水位(m)
	流量(m^3/s)	平均流速(m/s)	悬移质含沙量(kg/m^3)	$k(m^2/s^2)$	$\varepsilon(m^2/s^3)$	
工况 1	513.50	1.039 8	0.51	0.012 1	0.000 5	1 239.68
工况 2	930.00	1.540 5	3.53	0.026 9	0.001 3	1 240.65
工况 3	1 500.00	1.809 8	10	0.037 8	0.001 6	1 241.50
工况 4	2 000.00	2.057 9	20	0.049 2	0.002 0	1 242.00

四种工况中，工况 1 的边界条件是按 2008 年 12 月的实测值给定，工况 2 的边界条件是按 2008 年 7 月的实测值给定的。工况 3 和工况 4 是参考了水文站关于历年该河段流量、水位及含沙量的实测值后设定的。

进口断面悬移质泥沙及推移质泥沙按粒径各分三组，其代表粒径及含量百分比(粒径级配)如表 5-2 所示。悬移质泥沙的中值粒径为 0.024 9 mm，推移质泥沙的中值粒径为 10 mm。

表 5-2　进口断面泥沙粒径级配

项目	悬移质			推移质		
代表粒径(mm)	0.01	0.05	0.25	2	10	40
含量百分比(%)	38	53	9	38.3	31.3	30.4

出口流速、含沙量、k 和 ε 均按充分发展边界条件处理，进口处水位由内部相邻节点计算值插值得到。

三、初始条件

初始床沙粒径级配曲线如图 5-2 所示。床沙质的中值粒径为 $d_{50}=10$ mm，平均粒径为 $d_m=15.5$ mm，而其他有关代表粒径分别为 $d_{25}=1$ mm，$d_{35}=4$ mm，$d_{75}=20$ mm，$d_{90}=70$ mm，$d_{95}=100$ mm，其中 d_{25} 为粒配曲线中 25% 较之为小的床沙的粒径，其余类似定义。

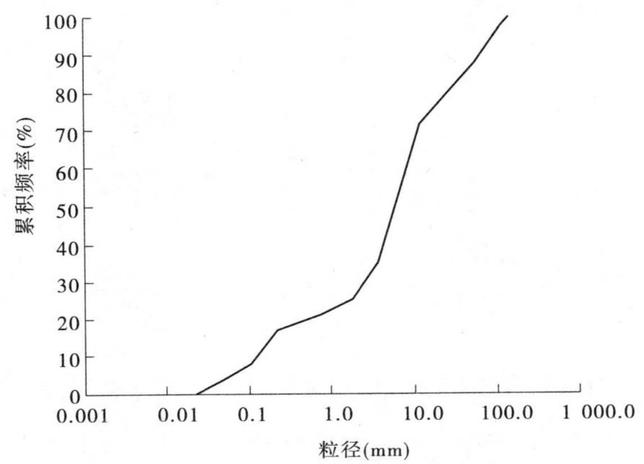

图 5-2　初始床沙粒径级配曲线

现按大小将床沙质分为六组，其代表粒径及含量百分比(级配)如表 5-3 所示。

表 5-3　初始床沙粒径及含量百分比(级配)

代表粒径(mm)	0.01	0.05	0.25	2	10	40
含量百分比(%)	0.2	3.8	17.9	12.7	36.5	28.9

初始河床高程选用 2008 年 12 月的实测结果，网格节点处的河床高程值采用二维线性插值得到。图 5-3 给出了河床高程等值线。该图给出的只是相对高程，河床的实际海拔高度值为所给出的值再加上 1 200 m。

开始计算时只启动流速模块，采用冷启动的方法，即除进口外，全场流速赋零，而 k 赋值为 0.01，ε 赋值为 0.001；计算时，每隔一个时段自动保存数据一次，如开始计算时可每隔 2 h 的计算时间保存一次数据，总体计算时间达到 1 d 后可每隔 1 d 计算时间保存一次，以防数据丢失，并供下一时段重新启动时用。另外，所保存的数据还可供结果分析及可视化处理时用。

在下一时段计算时，可采用热启动的方式，即 u、v、k、ε 的值均采用上一时段的值。泥沙模块开始启动时，u、v、k、ε 的值均采用上一时段的值，而初始含沙量分布可采用实测值或全场赋值为进口处含沙量分布。

四、网格剖分

采用适体坐标变换，将模拟区域(物理区域)转化为矩形区域(计算区域)。在计算区域上采用均分网格，沿水流方向(ξ 方向)布置 161 个节点，河宽方向(η 方向)布置 31 个

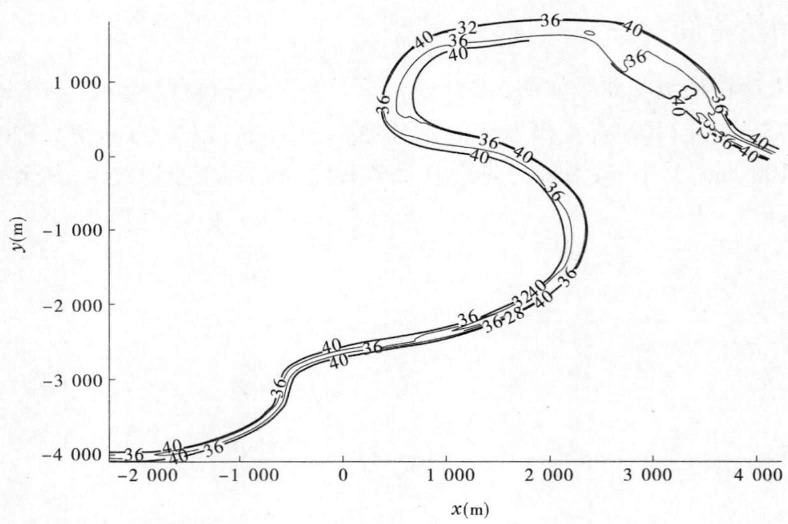

图 5-3　模拟区域初始河床高程等值线(实际值为上述值加上 1 200 m)

节点,共计 161 × 31 = 4 991 个网格节点,160 × 30 = 4 800 个网格单元。采用 Poisson 方程法实施坐标变换的逆变换,将计算区域的网格节点变换到物理区域上去,即得到物理区域的网格剖分,如图 5-4 所示。为了比较清晰地反映网格剖分情况,特将出口附近和进口附近区域的网格剖分局部放大,分别如图 5-5 和图 5-6 所示。

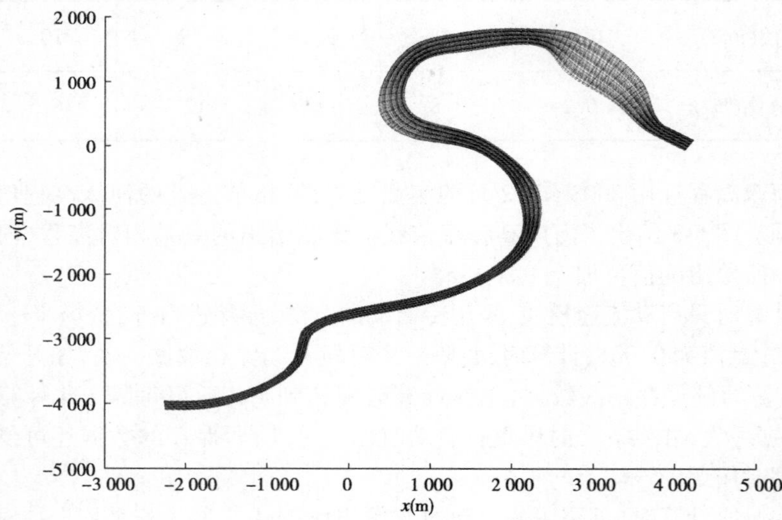

图 5-4　模拟区域网格剖分示意图

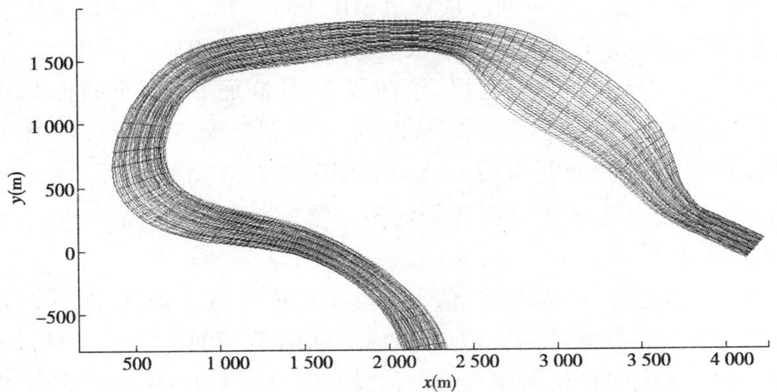

图 5-5　模拟区域网格剖分示意图(局部放大,出口附近)

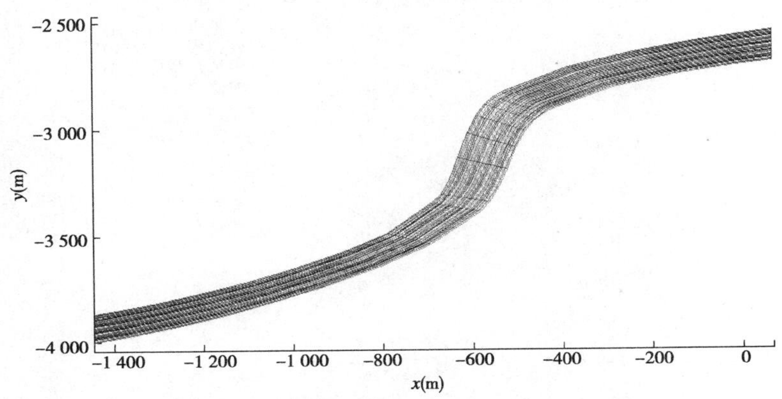

图 5-6　模拟区域网格剖分示意图(局部放大,进口附近)

第二节　水流运动数值模拟结果及分析

开始计算时,只启动水流模块进行计算,泥沙模块不参与计算,计算出相应的流场和水位,并将结果进行分析。

一、水位比较

在水流模块计算时,一般需要选取曼宁系数。本书采用第二章第二节介绍的自适应算法来选取曼宁系数。该算法不但可以节约大量运算量,还可以在根据实测结果在不同的子河段选取合适的曼宁系数值,使得计算水位尽可能地接近实测值。为了验证这一点,这里以工况 2 为例,分两种方法对全河段水流运动进行了模拟。取时间步长为 10 s,经过 1 800 个时间步,n 的值基本达到稳定,流场、水位可满足精度要求。

方法 1:全河段采用同一个曼宁系数值。水面坡降 $J=1.55\times10^{-4}$。利用上述算法,得到 $n=0.034$。

方法 2:将全河段分为两个子河段:第一个子河段从断面 SH15 至断面 SH11,水面坡降较大,为 1.55×10^{-4};第二个子河段从断面 SH11 至出口断面,水面坡降较小,约为 8.76×10^{-5}。利用上述算法可得子河段上曼宁系数分别取 $n_1=0.036$、$n_2=0.033$。

方法 3:将全河段分为四个子河段,子河段 1(从断面 SH15 至断面 SH11)、子河段 2(从断面 SH11 至断面 SH7)、子河段 3(从断面 SH7 至断面 SH4)、子河段 4(从断面 SH4 至出口断面),其水面坡降分别为:$J_1=3.32\times10^{-4}$、$J_2=1.23\times10^{-4}$、$J_3=7.05\times10^{-5}$、$J_4=5.67\times10^{-5}$,利用上述算法可得各子河段上曼宁系数分别取 $n_1=0.036$、$n_2=0.035$、$n_3=0.021$、$n_4=0.019$。

现将上述三种方法计算出的水位值和实测水位值进行比较,如图 5-7 所示。其中,横坐标表示与进口断面的距离,纵坐标为水位值。从图 5-7 可以看出,方法 3 计算出的水位值更接近实测值。这说明在长河段水流数值模拟时,适当地将所研究河段进行分段,各段采用不同的曼宁系数值,模拟结果会更接近实测值。

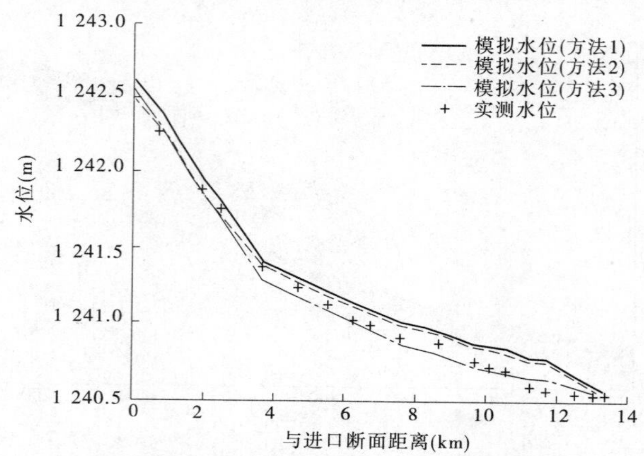

图 5-7　水位沿程变化计算结果与实测结果的比较

二、流速模拟结果

现对加入弯道修正项与不加修正项的计算结果与实测结果进行比较。图 5-8 给出了断面 SH7 处沿水深平均流速计算结果与实测结果的比较。可以看出,加入弯道修正项后,垂线平均流速沿横向的梯度变大,数值模拟结果与实测结果吻合较好。在弯道 *D* 中,左岸为凹岸,右岸为凸岸,最大流速靠近凹岸,符合弯道水流的一般规律。

图 5-9 给出了从断面 SH12 到断面 SH1 之间的流场矢量。由于断面 SH1 位于流场变化剧烈处,若将其作为计算区域的出口断面,则出口边界处对流场的充分发展边界条件难以运用,如果边界条件运用不当,会造成整个计算过程的发散。为了避免上述现象的发生,本书在数值模拟时,在出口断面 SH1 外添加了 40 m 长的顺直河段,该河段可看成是断面 SH1 沿其外法线方向平移 40 m 后得到的。

从图 5-9 可以看出,模拟流场基本上符合弯道水流运动规律:在弯道进口处,主流(最大流速所在位置)靠近凸岸,然后逐渐向凹岸过渡,在弯道出口处,主流靠近凹岸。

图 5-10 比较了主流线与深泓线(最大水深所在位置的连线)的位置。可以看出,在大部分位置,主流线与深泓线的位置基本重合。一般而言,弯道进口处靠近凸岸处水深较

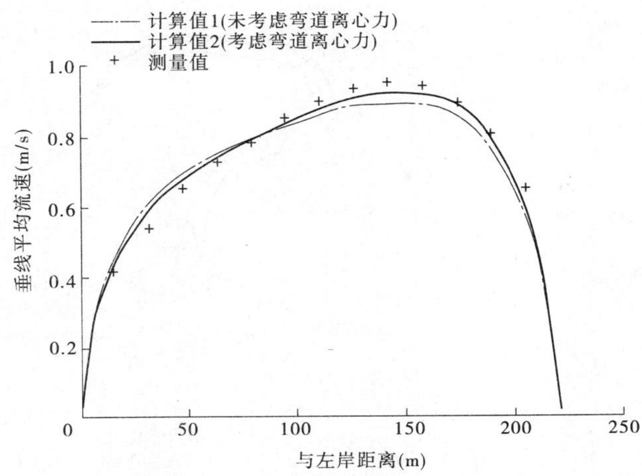

图 5-8　断面 SH7 处水深平均流速计算结果与实测结果的比较

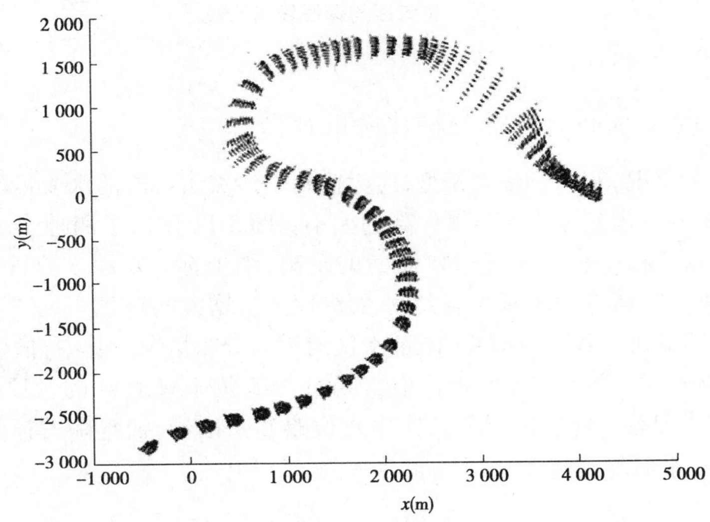

图 5-9　断面 SH12 到断面 SH1 之间的流场矢量

大,流速也较大,然后最大水深和最大流速均向凹岸逐渐过渡,越过弯道顶部(弯顶)后,最大水深和最大流速靠近凹岸。

然而,从图 5-10 中也可以看出,在部分位置处,主流线与深泓线出现分离,在个别位置甚至出现了较大的分离,如在断面 SHJ4 与断面 SH6、断面 SH4 与断面 SHJ2、断面 SH2 与断面 SHJ1 之间均发生这样的现象。断面 SHJ4 与断面 SH6 之间可以看出是弯道 C 和弯道 D 的拐点附近,既位于弯道 C 的出口段,又位于弯道 D 的进口段,两个弯道之间没有明显的顺直过渡段。而断面 SH4 与断面 SHJ2、断面 SH2 与断面 SHJ1 之间的部分,分别位于弯道 D 的渐扩段和渐缩段。

由此可以得到这样的结论:在弯道的拐点处、渐缩段和渐扩段等水流运动变化较为强烈处附近,主流线和深泓线发生较大程度分离,其余位置处主流线与深泓线基本重合,即

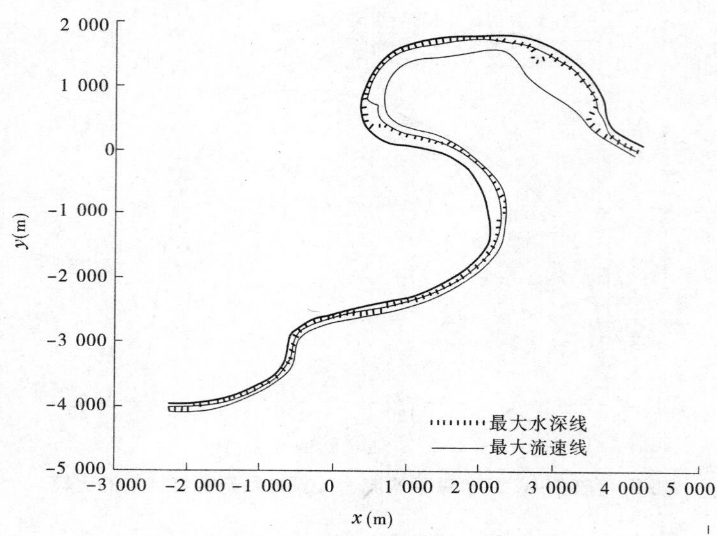

图 5-10　主流线与深泓线的比较

最大水深处一般流速也较大。

三、不同工况下水面纵比降与横比降的比较

现就四种典型工况，利用所建立模型，对大柳树—沙坡头河段的水流运动进行数值模拟，并比较各种工况下水面纵比降与横比降的大小。图 5-11 比较了四种工况下水位沿程变化情况。其中横坐标 y 表示离开进口断面的距离，纵坐标 z 表示该位置平均水位值。可以看出，随着进口断面平均流速的增大，水面纵比降呈增大的趋势。

图 5-12 比较了断面 SH5 在四种工况下水位沿横向分布情况。其中，横坐标 y 表示离开左岸的距离，纵坐标 z 表示该位置水位值。断面 SH5 位于弯道 D 的弯顶附近，左岸为凹岸，右岸为凸岸，水面出现超过现象。凹岸水位略高于凸岸，而且随着流量的增大（从工况 1 到工况 4），水面超高越大。

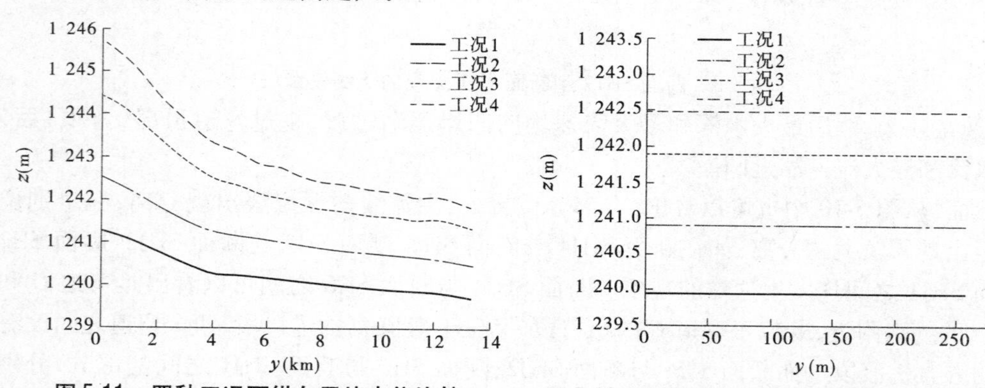

图 5-11　四种工况下纵向平均水位比较　　图 5-12　断面 SH5 在四种工况下水位分布比较

关于弯道水面纵比降和横比降的计算，有不少理论公式，但许多公式将弯道分为进口直段、弯道段、出口直段分别进行计算，且公式中含有诸多参数。而所模拟河段的弯道为

连续弯道,并不明显包含进口直段、出口直段,而且弯道不太规则,一些参数难以确定。为了和数值模拟结果进行对比,本书采用谢才公式[16]来计算中轴线处的平均水面纵比降,即

$$J_\theta = \frac{V_{cp}^2}{C^2 R} \tag{5-1}$$

式中:V_{cp}为垂线平均流速;C为谢才系数;R为水力半径。

由于不同断面处流速、水力半径均不同,实际计算时,可利用式(5-1)分别计算各断面处水面纵比降,再取平均值即可得到平均水面纵比降。

关于水面横比降的计算,可利用罗索夫斯基根据对数公式导出的以下公式[182]:

$$J_r = \left(1 + \frac{g}{\kappa^2 C^2}\right)\frac{V_{cp}^2}{gr} \tag{5-2}$$

式中:r为弯道中心线曲率半径。

以上公式计算出的水面横比降为弯道水流沿程的最大值,一般发生在环流充分发展的弯顶断面处。

现就四种典型工况,利用所建立模型,对大柳树—沙坡头河段的水流运动进行数值模拟,并比较各种工况下沿断面中心线处水面纵比降与横比降的数值模拟结果与上述理论公式的计算值。

表5-4给出了四种典型工况下平均水面纵比降的数值模拟结果(简称模拟值)和利用理论公式(5-1)计算的结果(简称理论值)。从工况1到工况4,进口断面平均流速从约1 m/s增大到约2 m/s,水面纵比降从1.16×10^{-4}增大到2.87×10^{-4}。理论公式(5-1)与数值模拟结果在流量较小时吻合较好,随着流量的增大,理论值和计算值的偏差也增大。

表5-4　四种典型工况下平均水面比降理论值与模拟值比较

工况	水面纵比降		断面SH5水面横比降	
	模拟值	理论值	模拟值	理论值
1	1.16×10^{-4}	1.16×10^{-4}	-3.99×10^{-5}	-4.50×10^{-5}
2	1.52×10^{-4}	1.48×10^{-4}	-6.88×10^{-5}	-5.82×10^{-5}
3	2.32×10^{-4}	2.21×10^{-4}	-1.24×10^{-4}	-1.48×10^{-4}
4	2.87×10^{-4}	2.58×10^{-4}	-1.75×10^{-4}	-2.14×10^{-4}

表5-4还比较了断面SH5在四种典型工况下水面的横比降。可以看出,对于同一断面,工况1条件下水面横比降绝对值最小,工况4条件下水面横比降的绝对值最大,水面横比降的绝对值也随着流量的增大而增大。凹岸水位均高于凸岸水位,符合弯道水流的运动规律。另外,表5-4中还给出了利用理论公式(5-2)计算出的水面横比降在弯顶断面SH5处的值。可以看出,断面SH5处的理论值与模拟值相差不大,进一步反映了数值模拟结果的可靠性。

第三节　泥沙运移及河床变形数值模拟结果与分析

前面对水流模块进行了验证,并计算了不同工况下的水位纵比降与横比降,得到了一些有益结论,为泥沙模块的数值计算奠定了基础。下面将对大柳树—沙坡头河段泥沙运移及河床变形进行平面二维数值模拟,并与实测结果进行比较。

一、泥沙沉速的计算

泥沙沉速在泥沙模块中起着关键作用,它计算的准确与否关系到整个数值模拟结果的精度。然而,关于泥沙沉速的计算公式较多,各家的计算公式相差较大。表5-5给出了分别用冈恰洛夫公式式(2-75)、沙玉清公式式(2-76)~式(2-78)、张瑞瑾公式式(2-81)~式(2-83)计算得到的分组悬移质和推移质泥沙沉速大小。

表5-5　不同计算公式得到的各粒径组泥沙沉速　（单位:cm/s)

代表粒径(mm)	冈恰洛夫公式式(2-75)	沙玉清公式式(2-76)~式(2-78)	张瑞瑾公式式(2-81)~式(2-83)
0.01	0.006 7	0.006 7	0.006 2
0.05	0.167 5	0.167 5	0.157 0
0.25	1.016 7	3.579 7	1.614 2
2	6.086 4	7.721 4	5.879 8
10	13.609 6	14.527 1	13.303 8
40	27.219 2	29.054 2	26.607 5

可以看出,在滞流区($d<0.1$ mm),各家公式的计算结果基本一致;在紊流区($d>1.5$ mm),冈恰洛夫公式和沙玉清公式结果相差不大,但沙玉清公式计算结果稍大;在过渡区(0.1 mm $<d<$ 1.5 mm),各家公式计算结果相差很大,张瑞瑾公式计算出的沉速为冈恰洛夫公式的1.5倍左右,而沙玉清公式计算的沉速又为张瑞瑾公式的2倍左右。经过与实测结果反复比较,本书拟采用张瑞瑾公式计算单颗粒泥沙在清水中的沉速。

含沙量对颗粒流速有较大影响,在计算水流挟沙力及河床变形时应该对上述计算公式计算出的沉速进行修正。取泥沙密度 $\rho_s=2\ 650\ \text{kg/m}^3$,当含沙量 $S=10\ \text{kg/m}^3$ 时,体积含沙量 $S_v=S/\rho_s=10/2\ 650=0.003\ 8$。现对分别运用理查森和扎基公式式(2-84)、明兹公式式(2-86)、张红武公式式(2-87)以及利用张瑞瑾沉速公式式(2-81)~式(2-83)计算出的分粒径组沉速进行修正。表5-6给出了各个公式计算出的分粒径组群体沉速,表5-7给出了各个公式计算出的分粒径组对清水中泥沙沉速的修正率。

表 5-6　各个公式计算出的分粒径组泥沙群体沉速　（单位:cm/s）

代表粒径（mm）	清水中流速 式(2-81)~式(2-83)	明兹公式 式(2-86)	理查森和扎基公式 式(2-84)	张红武公式 式(2-87)
0.01	0.006 2	0.006 1	0.006 1	0.005 9
0.05	0.157 0	0.153 4	0.152 9	0.152 2
0.25	1.614 2	1.577 9	1.572 0	1.587 7
2	5.879 8	5.747 5	5.726 2	5.827 7
10	13.303 8	13.004 6	12.956 3	13.216 4
40	26.607 5	26.434 0	25.912 6	26.457 5

表 5-7　各个公式计算出的分粒径组对清水中泥沙沉速修正率　（%）

代表粒径（mm）	明兹公式 式(2-86)	理查森和扎基公式 式(2-84)	张红武公式 式(2-87)
0.01	1.61	1.64	4.92
0.05	2.29	2.67	3.14
0.25	2.25	2.67	1.69
2	2.25	2.67	0.91
10	2.25	2.67	0.67
40	0.65	2.63	0.58

可以发现,各个公式对泥沙沉速均有不同程度的修正。但总体来说,由于含沙量不是太大,各个修正公式计算出的群体沉速与清水中泥沙沉速相差不大。当采用张红武公式,粒径为0.01 mm时,修正率最大(约为5%左右),当粒径为40 mm时,修正率最小,不足1%。

张红武公式式(2-87)不但考虑到体积含沙量对沉速的影响,而且考虑到泥沙粒径大小对沉速的影响。当粒径较小时,含沙量对泥沙沉速影响较大,但随着粒径的逐步变大,含沙量对沉速的修正越来越小,这与实际情形比较吻合。也就是说,粗颗粒泥沙因其他颗粒的存在引起沉速的减小,比细颗粒泥沙要小[16]。

综上所述,本书在计算群体沉速时,采用张红武公式式(2-87),其中清水中泥沙沉速利用张瑞瑾公式式(2-81)~式(2-83)进行计算。

悬移质泥沙平均沉速 ω_s 采用式(2-72)进行计算,若设分组挟沙力级配等于进口含沙量级配,则悬移质泥沙的平均沉速为

$$\omega_s = \sum_{L=1}^{3} \omega_L P_L = 0.005\,9 \times 0.38 + 0.152\,2 \times 0.53 + 1.587\,7 \times 0.09 = 0.225\,8(\text{cm/s})$$

推移质泥沙的平均沉速为

$$\omega_b = \sum_{L=4}^{6} \omega_L P_L = 5.827\,7 \times 0.383 + 13.216\,4 \times 0.313 + 26.457\,5 \times 0.304 = 14.411\,8(\text{cm/s})$$

二、悬移质水流挟沙力的计算

采用张红武公式式(2-65)计算悬移质总水流挟沙力 S^*，采用式(2-73)计算分组水流挟沙力，而挟沙力级配按式(2-69)计算。

表5-8给出了工况2条件下分组挟沙力及其级配在20个典型断面河道中心线处的值(总体计算时间为16 h)，图5-13给出了工况2条件下总挟沙力和分组挟沙力的沿程分布。从表5-8和图5-13中可以看出，各分组挟沙力沿程分布与总挟沙力分布基本相同。进口断面悬移质按粒径大小分成三组：0.01 mm、0.05 mm、0.25 mm，其粒径级配分别为38%、53%、9%，而床沙中这三组粒径泥沙的级配分别为0.2%、3.8%、1.79%，比例很小。因此，根据式(2-69)，挟沙力级配主要由来沙级配决定。从表5-8亦可发现，在各断面中心线处，各粒径组悬移质泥沙的粒径级配约为30%、49%、21%。

表5-8　工况2条件下计算所得河道中心线处各粒径组水流挟沙力及其级配

(单位：kg/m³)

断面编号	含沙量	总挟沙力	第一分组挟沙力	第二分组挟沙力	第三分组挟沙力	第一分组挟沙力级配	第二分组挟沙力级配	第三分组挟沙力级配
SH1	1.745 4	1.364 3	0.402 9	0.661 7	0.299 8	0.295 3	0.485 0	0.219 7
SHJ1	1.957 3	1.204 2	0.355 6	0.584 9	0.263 7	0.295 3	0.485 7	0.219 0
SH2	1.604 6	0.848 9	0.250 5	0.412 3	0.186 1	0.295 1	0.485 6	0.219 2
SH3	2.009 7	0.421 1	0.124 2	0.204 6	0.092 3	0.294 9	0.486 0	0.219 1
SHJ2	2.275 2	1.159 8	0.342 4	0.563 8	0.253 6	0.295 3	0.486 1	0.218 6
SH4	2.263 0	0.774 2	0.228 4	0.376 3	0.169 4	0.295 1	0.486 1	0.218 8
SHJ3	2.087 4	0.670 4	0.197 8	0.325 7	0.146 9	0.295 0	0.485 8	0.219 2
SH5	2.218 8	1.084 5	0.320 2	0.526 8	0.237 5	0.295 2	0.485 7	0.219 0
SH6	2.586 0	1.076 8	0.317 9	0.523 6	0.235 3	0.295 2	0.486 3	0.218 5
SHJ4	2.461 2	1.078 7	0.318 5	0.524 2	0.236 0	0.295 2	0.486 0	0.218 8
SH7	2.340 9	1.709 9	0.505 1	0.828 8	0.376 0	0.295 4	0.484 7	0.219 9
SH8	2.575 4	1.456 3	0.430 1	0.707 0	0.319 1	0.295 4	0.485 5	0.219 1
SHJ5	2.602 5	1.573 8	0.464 9	0.763 7	0.345 2	0.295 4	0.485 3	0.219 4
SH9	2.689 2	2.807 6	0.829 9	1.356 5	0.621 1	0.295 6	0.483 2	0.221 2
SH10	3.122 5	2.542 9	0.751 6	1.232 1	0.559 2	0.295 6	0.484 5	0.219 9
SH11	3.313 7	4.563 0	1.349 3	2.206 6	1.007 0	0.295 7	0.483 6	0.220 7
SH12	3.523 9	5.428 6	1.606 5	2.628 4	1.193 8	0.295 9	0.484 2	0.219 9
SH13	3.605 8	7.607 7	2.256 0	3.694 8	1.656 9	0.296 5	0.485 7	0.217 8
SH14	3.597 4	4.978 1	1.472 5	2.408 6	1.096 9	0.295 8	0.483 8	0.220 4
SH15	3.530 0	5.569 4	1.646 8	2.693 3	1.229 3	0.295 7	0.483 6	0.220 7

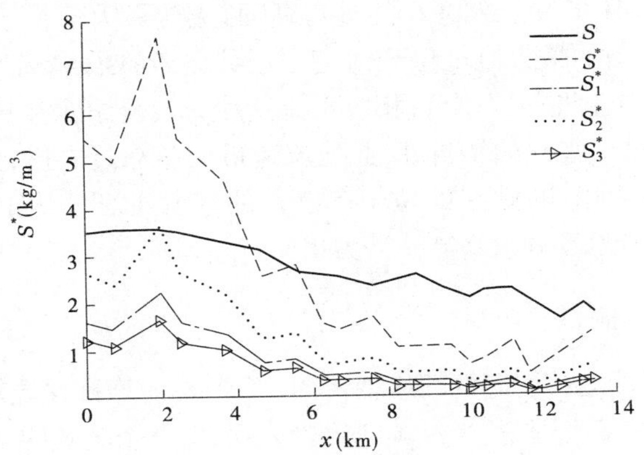

图 5-13　工况 2 条件下分组挟沙力沿程分布

为了研究水流挟沙力沿横向的分布，现将工况 2 条件下四个典型断面即 SH11、SHJ5、SH7、SH5 的总水流挟沙力和分组水流挟沙力的计算结果用图 5-14 表示出来。可以看出，含沙量的分布、水流挟沙力的分布与流速分布具有相同的趋势。也就是说，流速较大的地方，一般含沙量和水流挟沙力也相应较大，挟沙力较小的地方，含沙量和水流挟沙力相应也较小。分组水流挟沙力分布与总水流挟沙力也具有相同的趋势。

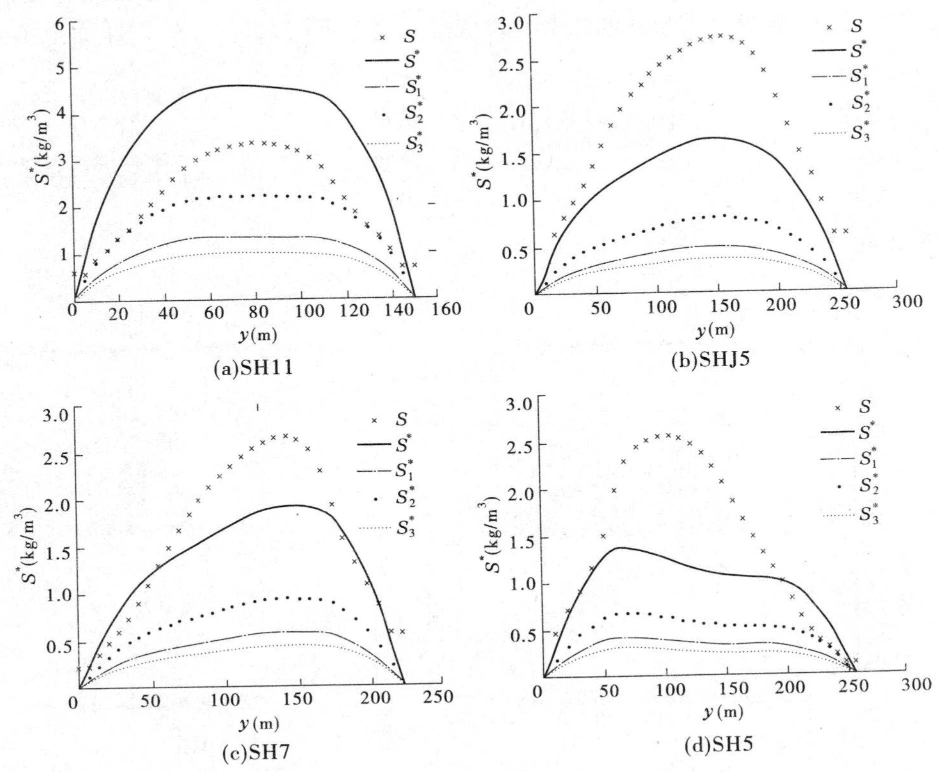

图 5-14　典型断面处分组水流挟沙力分布

具体来说，断面 SH11 位于弯道 C 的进口断面，流速最大值位于河道中心线附近，挟沙力及分组水流挟沙力的最大值也位于河道中心线附近；断面 SHJ5 位于弯道 C 的弯顶处，此时流速最大值靠近凹岸（右岸），相应水流挟沙力及分组水流挟沙力也靠近右岸；断面 SH7 位于弯道 C 和弯道 D 的转折处，此处流速最大值靠近右岸，相应水流挟沙力和分组水流挟沙力也靠近右岸；断面 SH5 位于弯道 D 的弯顶处，此处流速最大值靠近凹岸（左岸），相应地，水流挟沙力及分组水流挟沙力也靠近左岸。

三、推移质单宽输沙率的计算

在计算推移质泥沙运移引起的河床变形时，首先要计算推移质输沙率。而推移质输沙率的计算，虽然有许多半理论、半经验或经验公式，但各个公式的计算结果相差较大，这给推移质输沙的计算带来一定困难。现针对所模拟河段，利用第二章第二节列举的几个代表性公式，包括梅叶-彼得公式式（2-88）、冈恰洛夫公式式（2-90）、沙莫夫公式式（2-91）、张瑞瑾公式式（2-94）、窦国仁公式式（2-95），分别计算了分粒径组和不分粒径组情况下推移质单宽输沙率，并进行对比分析。

图 5-15 给出了用上述推移质输沙率公式计算出的推移质单宽输沙率在四种典型工况下沿河道中心线的分布。可以发现，不同公式算出的推移质单宽输沙率是有一定差别的，尤其是梅叶-彼得公式式（2-88）计算出的推移质单宽输沙率与其他公式有较大差别。这是因为，梅叶-彼得公式与其他几个公式结构上完全不同，式（2-88）以床面拖曳力 τ_0 =

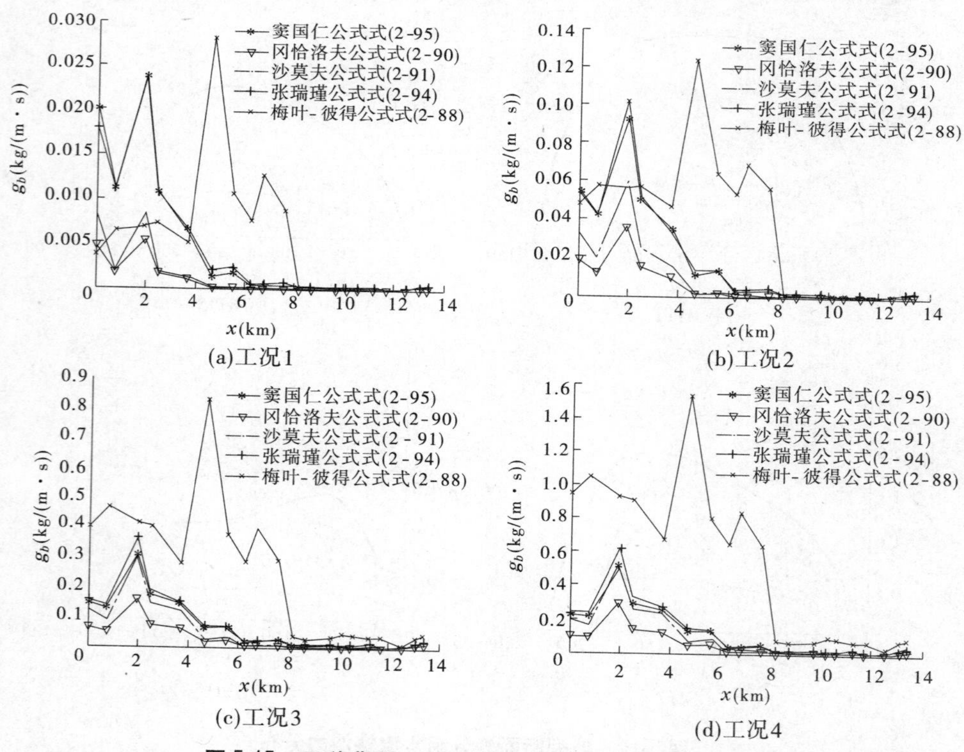

图 5-15　四种典型工况下推移质单宽输沙率沿程分布

γhJ 为主要参数，而其他几个公式均以流速为主要参数。由于水面坡降 J 一般沿程变化不大，而所研究河段水深沿程变化较大，这就决定了在水深较大的断面，用式(2-88)计算出的推移质输沙率有较大的跳跃，这与实际情形不太符合。实际上，所研究河段是典型弯道，河床地形非常复杂，不但沿纵向存在床面拖曳力，沿横向也存在床面拖曳力，其计算存在较大难度。另外，该公式还包含床面曼宁系数，在不同断面、不同位置会有较大不同，由于缺乏实测资料，用同一值代入进行计算，计算结果难免与实际有较大出入。

其余四个公式中，窦国仁公式式(2-95)和张瑞瑾公式式(2-94)计算结果比较接近，随着流量的增大，张瑞瑾公式计算值略大于窦国仁公式的计算值；沙莫夫公式的计算值大于冈恰洛夫公式，但小于窦国仁公式，在流量较小时(工况1和工况2)，其计算值差别较大，但随着流量增大(工况3和工况4)，窦国仁公式、张瑞瑾公式和沙莫夫公式的计算值相差很小。经过反复比较分析，并与实测结果进行比对，本书在计算推移质单宽输沙率时采用窦国仁公式式(2-95)。

为了更精确地反映各公式计算所得推移质单宽输沙率的区别与联系，现就工况2条件下各推移质输沙率公式计算所得推移质单宽输沙率在各典型断面中心处的值表示出来，如表5-9所示。为了研究输沙率随流速变化而变化情况，表5-9中把各典型断面中心线处的流速大小也列举出来。从表5-9中可以看出，各个公式计算所得推移质输沙率尽管有较大差别，但总体趋势是一致的，即从入口断面(SH15)到出口断面(SH1)，输沙率基本上是沿程下降的，这与流速分布规律是一致的。但是，流速从入口断面到出口断面，减小不到一半，但推移质输沙率却减小为原来的1/150～1/20，其中张瑞瑾公式和梅叶-彼得公式为1/20左右，窦国仁公式为1/30左右，冈恰洛夫公式为1/60左右，沙莫夫公式为1/150左右。这说明推移质输沙率对流速是非常敏感的。从断面SHJ5到断面SH9为峡谷河段，流速较大，推移质输沙率相应也较大；从断面SHJ5到断面SH1为沙坡头水利枢纽库区河段，水流较为平缓，推移质输沙率很小，部分断面处甚至为零。

表5-9　工况2条件下不同公式计算所得河道中心线处推移质单宽输沙率比较

断面编号	流速(m/s)	窦国仁公式式(2-95)(kg/(cm·s))	冈恰洛夫公式式(2-90)(kg/(cm·s))	沙莫夫公式式(2-91)(kg/(cm·s))	张瑞瑾公式式(2-94)(kg/(cm·s))	梅叶-彼得公式式(2-88)(kg/(cm·s))
SH1	0.857 8	0.001 8	0.000 3	0.000 2	0.003 2	0.002 2
SHJ1	0.769 2	0.001 3	0.000 2	0.000 1	0.002 2	0.000 7
SH2	0.545 2	0.000 6	0.000 1	0	0.000 8	0
SH3	0.437 7	0	0	0	0.000 2	0.000 7
SHJ2	0.745 2	0.001 3	0.000 2	0.000 1	0.002 0	0.000 4
SH4	0.623 7	0.000 5	0	0	0.000 9	0.001 6
SHJ3	0.579 4	0.000 3	0	0	0.000 7	0.001 8
SH5	0.717 9	0.001 1	0.000 1	0.000 1	0.001 7	0.000 4
SH6	0.699 5	0.001 0	0.000 1	0.000 1	0.001 6	0

续表 5-9

断面编号	流速(m/s)	窦国仁公式式(2-95)(kg/(cm·s))	冈恰洛夫公式式(2-90)(kg/(cm·s))	沙莫夫公式式(2-91)(kg/(cm·s))	张瑞瑾公式式(2-94)(kg/(cm·s))	梅叶-彼得公式式(2-88)(kg/(cm·s))
SHJ4	0.725 5	0.001 0	0.000 1	0	0.001 7	0.000 7
SH7	0.912 9	0.003 3	0.000 5	0.000 5	0.004 4	0.056 6
SH8	0.861 9	0.002 5	0.000 3	0.000 3	0.003 4	0.068 8
SHJ5	0.865 6	0.002 8	0.000 4	0.000 4	0.003 6	0.053 4
SH9	1.211 7	0.013 2	0.002 0	0.002 8	0.013 4	0.063 4
SH10	1.262 6	0.011 1	0.001 6	0.001 5	0.013 2	0.124 1
SH11	1.505 0	0.035 0	0.009 5	0.016 2	0.033 4	0.046 7
SH12	1.700 7	0.049 9	0.015 2	0.024 9	0.051 2	0.057 1
SH13	2.034 5	0.093 7	0.035 3	0.060 1	0.102 1	0.056 2
SH14	1.625 2	0.041 5	0.011 6	0.018 7	0.042 3	0.057 5
SH15	1.684 4	0.055 7	0.018 8	0.033 4	0.053 8	0.048 5

经过将各个公式互相比较可以发现，在入口断面附近（从断面 SH15 到断面 SH11），窦国仁公式计算值与张瑞瑾公式相近，是沙莫夫公式计算值的 1.5 倍，是冈恰洛夫公式计算值的 3 倍左右，和梅叶-彼得公式计算值大致相当；从断面 SH10 到断面 SH7，冈恰洛夫公式和沙莫夫公式的计算值较为接近，窦国仁公式计算值略小于张瑞瑾公式，而梅叶-彼得公式计算值则与上述公式计算值相差较大。从断面 SH7 到出口断面 SH1，窦国仁公式计算值仍略小于张瑞瑾公式，但大于冈恰洛夫公式和沙莫夫公式计算值的 10 倍以上，与梅叶-彼得公式计算值大致相当，而冈恰洛夫公式与沙莫夫公式的计算值比较接近。

以上为推移质输沙率的计算值，实际上是按非均匀推移质输沙率计算方法的第二种，即先将推移质泥沙按粒径大小分为三组，其粒径大小及级配如表 5-2 所示，初始床沙粒径级配如表 5-3 所示。按上述公式分别计算各粒径组推移质单宽输沙率，而总输沙率等于各粒径组输沙率乘以其含量百分比再求和，即

$$g_b = \sum_{L=1}^{3} g_{b,L} p_{b,L}$$

式中：$g_{b,L}$、$p_{b,L}$分别为各粒径组输沙率及其含量百分比。

$p_{b,L}$可按进口断面推移质泥沙级配及床沙级配通过加权平均求值。为了简单起见，可忽略入口断面推移质级配的影响，$p_{b,L}$直接取为当前时刻床沙中该粒径组推移质含量在整个推移质中所占百分比。

推移质输沙率的计算，也可选出代表粒径，利用均匀推移质输沙率公式进行计算。现将代表粒径分别选为平均粒径 d_m、d_{35}和中值粒径 d_{50}，利用窦国仁公式计算其推移质单宽输沙率，并与分粒径组计算结果进行对比。图 5-16 比较了四种典型工况下分别利用分粒径组和选取代表粒径计算出的推移质单宽输沙率。可以看出，利用分粒径组方法计算出

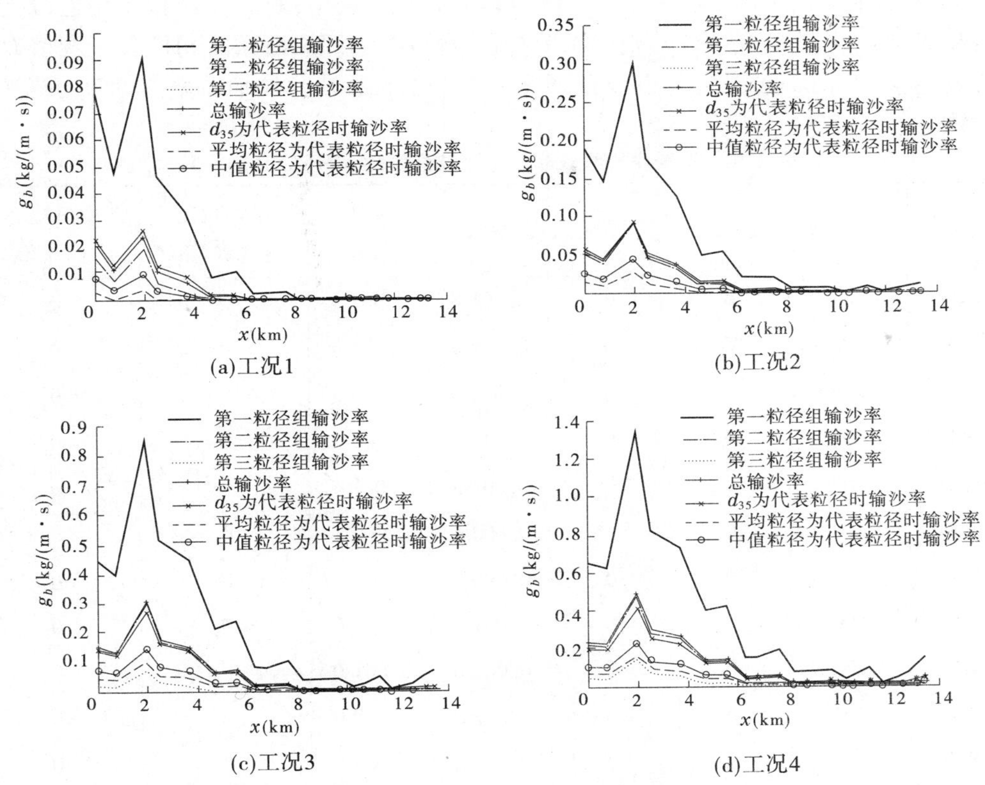

图 5-16　不同方法所得非均匀推移质单宽输沙率沿程分布

的非均匀沙总推移质单宽输沙率和代表粒径为 d_{35} 时按均匀沙计算出的推移质输沙率非常接近，代表粒径为中值粒径时按均匀沙计算出的推移质单宽输沙率偏小一点，代表粒径为平均粒径时计算出的推移质输沙率更小。从表 5-10 中可以发现，在入口断面附近，利用 d_{35} 作为代表粒径是 d_{50} 为代表粒径时计算出的推移质单宽输沙率的 2 倍左右，是 d_m 作为代表粒径计算所得推移质单宽输沙率的 4 倍左右。

由此可见，对所研究河段，利用均匀沙推移质单宽输沙率公式进行计算时，宜采用 d_{35} 为代表粒径，这进一步验证了 Einstein 的有关结论[157]。另外，还可以看出，当流量较小时(工况 1 和工况 2)，第一粒径组推移质(粒径为 2 mm)在大部分区域起动，输沙率较大；第二粒径组推移质(粒径为 10 mm)只在进口断面附近的小部分区域起动，输沙率较小；第三粒径组推移质(40 mm)几乎未起动，在绝大部分区域上输沙率为零。而当流量较大时(工况 3 和工况 4)，三组推移质泥沙都处于起动状态，输沙率以第一粒径组最大，第二粒径组其次，第三粒径组最小。

前面研究了推移质单宽输沙率沿纵向的分布，现在来考虑推移质单宽输沙率沿横向的分布。图 5-17 给出了在工况 2 条件下，利用窦国仁公式计算的分粒径组推移质单宽输沙率及总推移质单宽输沙率在几个典型断面处(SH11、SHJ5、SH7、SH5)的分布。从图 5-17可以看到，断面 SH11 位于弯道 C 的进口处，推移质单宽输沙率在河道中心线处最大，在两岸较小；断面 SHJ5 位于弯道 C 的弯顶附近，主输沙带(推移质单宽输沙率最大值处附近）靠近右岸（凹岸），左岸（凸岸）附近输沙率相对较小；断面 SH7 位于弯道 C 的出口段和弯道 D 的进口段，主输沙带仍靠近右岸（弯道 C 的凹岸）；断面 SH5 位于弯道 D 的弯顶段，主输沙带靠近左岸（弯道 D 的凹岸）。因此，推移质单宽输沙率的分布与流速分布一致。

表 5-10　河道中心线处非均匀沙推移质输沙率（工况 2）　（单位：kg/(m·s)）

断面编号	第一分组	第二分组	第三分组	总输沙率	d_{35}为代表粒径	平均粒径为代表粒径	中值粒径为代表粒径
SH1	0.011 2	0	0	0.001 8	0.002 3	0	0
SHJ1	0.008 1	0	0	0.001 3	0.001 5	0	0
SH2	0.003 6	0	0	0.000 6	0.000 3	0	0
SH3	0.000 1	0	0	0	0	0	0
SHJ2	0.007 8	0	0	0.001 3	0.001 4	0	0
SH4	0.002 9	0	0	0.000 5	0.000 1	0	0
SHJ3	0.001 9	0	0	0.000 3	0	0	0
SH5	0.006 6	0	0	0.001 1	0.001 0	0	0
SH6	0.006 3	0	0	0.001 0	0.001 0	0	0
SHJ4	0.006 0	0	0	0.001 0	0.000 9	0	0
SH7	0.020 2	0	0	0.003 3	0.004 6	0	0
SH8	0.015 7	0	0	0.002 5	0.003 4	0	0
SHJ5	0.017 0	0	0	0.002 8	0.003 7	0	0
SH9	0.055 8	0.008 9	0	0.013 2	0.015 2	0.000 7	0.004 4
SH10	0.048 3	0.006 9	0	0.011 1	0.013 0	0.000 1	0.003 4
SH11	0.127 1	0.030 7	0	0.035 0	0.037 3	0.007 6	0.015 1
SH12	0.174 1	0.046 2	0	0.049 9	0.052 3	0.012 8	0.022 8
SH13	0.302 1	0.090 7	0.006 0	0.093 7	0.093 4	0.028 3	0.044 7
SH14	0.147 6	0.037 4	0	0.041 5	0.043 9	0.009 9	0.018 4
SH15	0.192 2	0.052 4	0	0.055 7	0.058 0	0.014 9	0.025 8

另外，从图 5-17 还可以看到，第一粒径组推移质在整个推移质输沙中占绝大部分；第二粒径组推移质输沙只是在断面 SH11 和断面 SH7 中存在，但相对很少；第三粒径组推移质输沙在所列举几个断面没有发现。因此，在工况 2 条件下，推移质输沙主要由第一粒径组决定。

四、泥沙模块数值模拟结果验证

为了验证所建立的平面二维水沙模型的泥沙模块，现运用该模型对大柳树—沙坡头

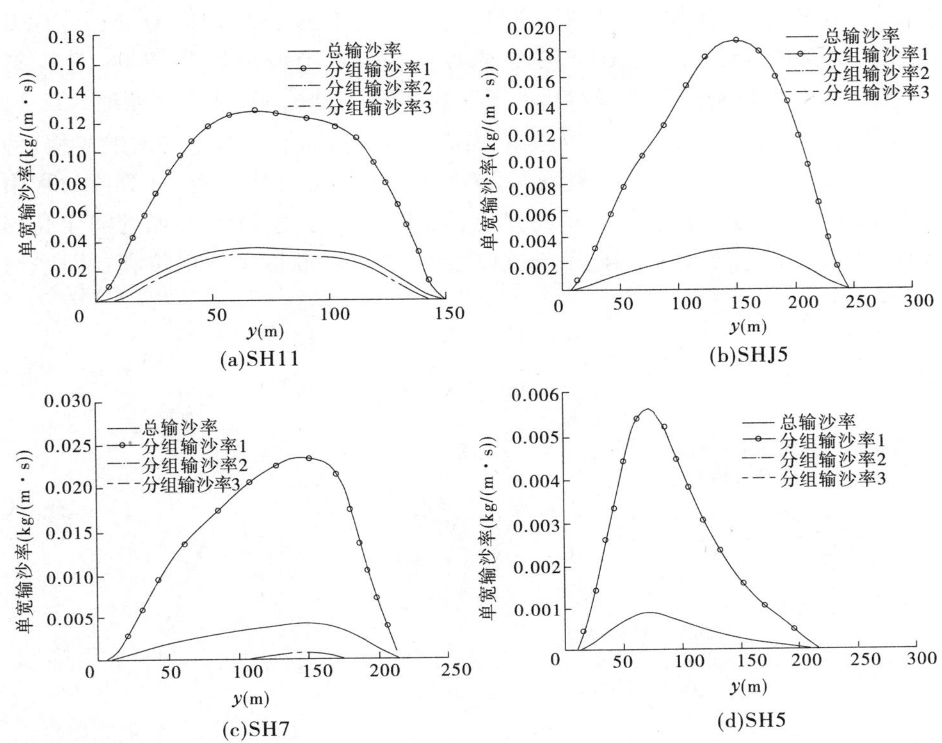

图 5-17　典型断面处分粒径组及总推移质单宽输沙率分布

河段的泥沙运移及河床变形进行数值模拟，并与实测结果进行比较分析。模拟区域为该河段从断面 SH15 至断面 SH1 的整个区域，其中进口断面为断面 SH15，出口断面为断面 SH1。模拟时段选择为 2008 年 12 月 6 日至 2009 年 7 月 17 日，共计 224 d。该时段开始和结束时，作者所在项目组分别对该河段进行了实测，便于对模拟结果进行对比分析。由于该时段内流量、水位及含沙量等均随时间变化而变化，因此边界条件也应是时间的函数，可利用时段始末的实测值进行线性插值得到。时段始末有关流量、含沙量及水位的数值如表 5-11 所示。

表 5-11　模拟时段始末边界条件

时间	进口边界流量 (m^3/s)	进口边界平均流速 (m/s)	进口边界悬移质含沙量 (kg/m^3)	出口边界水位 (m)
2008 年 12 月 6 日	513.5	1.040	0.51	1 239.68
2009 年 7 月 17 日	833.7	1.191	3.53	1 240.10

数值模拟时，水流和泥沙模块采用半耦合算法，时间步长取为 20 s，采用 Matlab 7.1

进行编程，在 IBM 工作站（内存为 4.0 GB，处理器为双核 Intel（R）Xeon（R）CPU2.00 GHz，操作系统为 Ghost-Server 2003 SP2 企业版）上进行计算，历时 15.7 d。计算结果与 2009 年 7 月 17 日的实测结果进行对比。图 5-18 给出了从断面 SH11 至断面 SH2 共计 14 个断面的河床高程比较。图 5-18 中河床高程值均为各断面沿河宽平均后的高程，初始值为 2008 年 12 月实测河床高程，实测值为 2009 年 7 月实测河床高程，计算值为利用上述平面二维水沙模型数值计算所得河床高程。表 5-12 给出了这 14 个断面处河床高程的初始值、模拟值和实测值，另外还列出了与进口断面的距离、断面平均水位和断面平均流速大小。

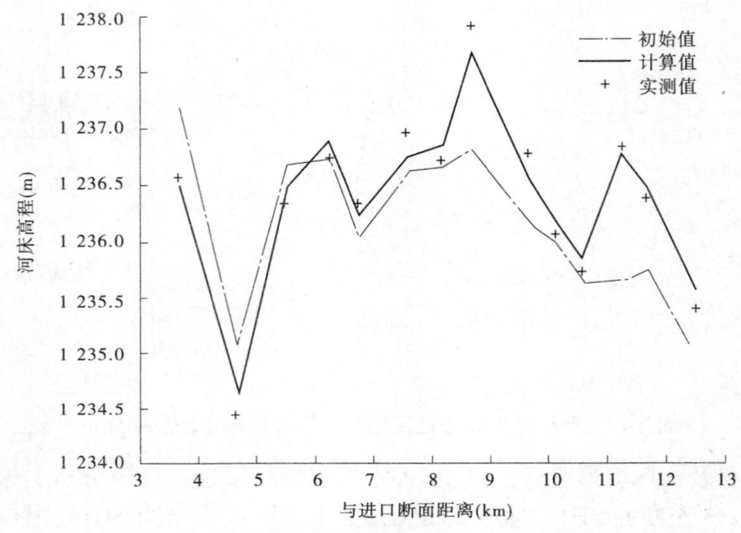

图 5-18 沿程平均河床高程比较

从图 5-18 和表 5-12 可以发现，数值计算结果与实测结果吻合较好，反映了所建立的沿水深平均的平面二维紊流水沙数学模型的合理性。从断面 SH11 到断面 SH9 的三个断面（分别为断面 SH11、断面 SH10、断面 SH9），床面坡降很大，河宽较小，水流较急，床面整体呈下挫状态。从断面 SHJ5 开始，床面坡降变缓，水面变宽，流速变小，各断面床面均出现不同程度的淤积，部分断面平均淤积厚度可达 1 m 以上（断面 SHJ2），而部分断面平均淤积厚度仅为 0.01 m 左右（断面 SHJ5），处于冲淤平衡状态。模拟值与实测值的绝对误差不超过 0.25 m。

图 5-19 给出了六个典型断面处河床高程的比较。断面 SH10 位于弯道 *C* 的进口河段，除个别靠近岸边的区域外，河床整体上呈冲刷状态。该处实际上是大柳树—沙坡头河段峡谷部分的谷底，水深较大（最大水深可达 15 m 左右），水流较急，容易出现冲刷。断面 SHJ5 和断面 SH7 分别位于弯道 *C* 的弯顶和出口处，其左岸（凸岸）附近河床淤积，右岸（凹岸）附近河床冲刷。断面 SH6 位于弯道 *D* 的弯顶处，断面不同位置处均出现不同程度的淤积，其右岸（凸岸）附近淤积量较大，左岸（凹岸）附近淤积量较小，河道中心线附近淤积量最大。断面 SHJ3 位于弯道 *D* 的出口段，其左岸（凹岸）附近床面冲刷，右岸（凸岸）附近床面淤积。断面 SHJ2 位于弯道 *D* 的出口段较为顺直处，该断面除靠近右岸的极小

部分区域外，床面淤积，最大淤积厚度可达 2 m 左右。

表 5-12　各断面河床高程比较

断面编号	与进口断面距离(m)	水位(m)	流速(m/s)	河床高程(m)			
				初始值	计算值	模拟值	误差
SH11	3.70	1 242.48	0.99	1 237.20	1 236.49	1 236.59	-0.10
SH10	4.69	1 242.29	0.80	1 235.02	1 234.62	1 234.43	0.19
SH9	5.55	1 242.14	0.88	1 236.66	1 236.48	1 236.33	0.15
SHJ5	6.25	1 241.99	0.82	1 236.72	1 236.89	1 236.73	0.16
SH8	6.75	1 241.86	0.86	1 236.01	1 236.23	1 236.33	-0.10
SH7	7.60	1 241.72	0.81	1 236.61	1 236.74	1 236.96	-0.22
SHJ4	8.20	1 241.65	0.72	1 236.64	1 236.84	1 236.71	0.13
SH6	8.70	1 241.57	0.71	1 236.81	1 237.68	1 237.90	-0.22
SH5	9.68	1 241.42	0.76	1 236.16	1 236.52	1 236.76	-0.24
SHJ3	10.14	1 241.36	0.71	1 235.96	1 236.15	1 236.05	0.10
SH4	10.58	1 241.32	0.78	1 235.63	1 235.84	1 235.73	0.11
SHJ2	11.26	1 241.20	0.86	1 235.64	1 236.77	1 236.82	-0.05
SH3	11.71	1 241.17	0.53	1 235.75	1 236.47	1 236.36	0.11
SH2	12.52	1 241.12	0.50	1 234.94	1 235.57	1 235.40	0.17

五、泥沙运移及河床变形数值模拟结果比较

为了研究大柳树—沙坡头河段水沙运移及河床变形规律，现利用所建立的平面二维紊流水沙数学模型，针对表 5-1 中给出的四种典型工况(每一工况下又按进口断面含沙量不同，分四种子工况)，分别对大柳树—沙坡头河段泥沙运移及河床变形进行了数值模拟。数值模拟区域仍为从断面 SH15 至断面 SH1 的 20 个断面之间的整个区域，初始河床地形仍为 2009 年 12 月期间实测值并进行插值得到。曼宁系数按第五章第三节中计算结果分段取值，从断面 SH15 至断面 SH11 取为 0.036，从断面 SH11 至断面 SH7 取值为 0.035，从断面 SH7 至断面 SH4 取值为 0.021，从断面 SH4 至出口断面取值为 0.019。每一工况下各子工况进口断面悬移质泥沙含量分别取为 0.5 kg/m^3、3.53 kg/m^3、10 kg/m^3、20 kg/m^3。以下若无特殊说明，所有工况模拟时间均为 10 d。

(一)悬移质含沙量沿纵向分布比较分析

图 5-20 给出了四种工况下悬移质含沙量及各粒径组悬移质含沙量沿河道主流线的分布。可以看出，无论总体悬移质含沙量，还是分组含沙量，在四种工况下沿程均呈下降的趋势。在工况 1、工况 2 条件下，含沙量沿主流线先升高，到断面 SH13 和断面 SH12 附近达到最大值，然后迅速下降，至断面 SH6 后趋于平缓。一般而言，在流速较大的断面，含沙量也较大。断面 SH13 和断面 SH12 附近河道比较窄深，流速较大，水流挟沙力较大，

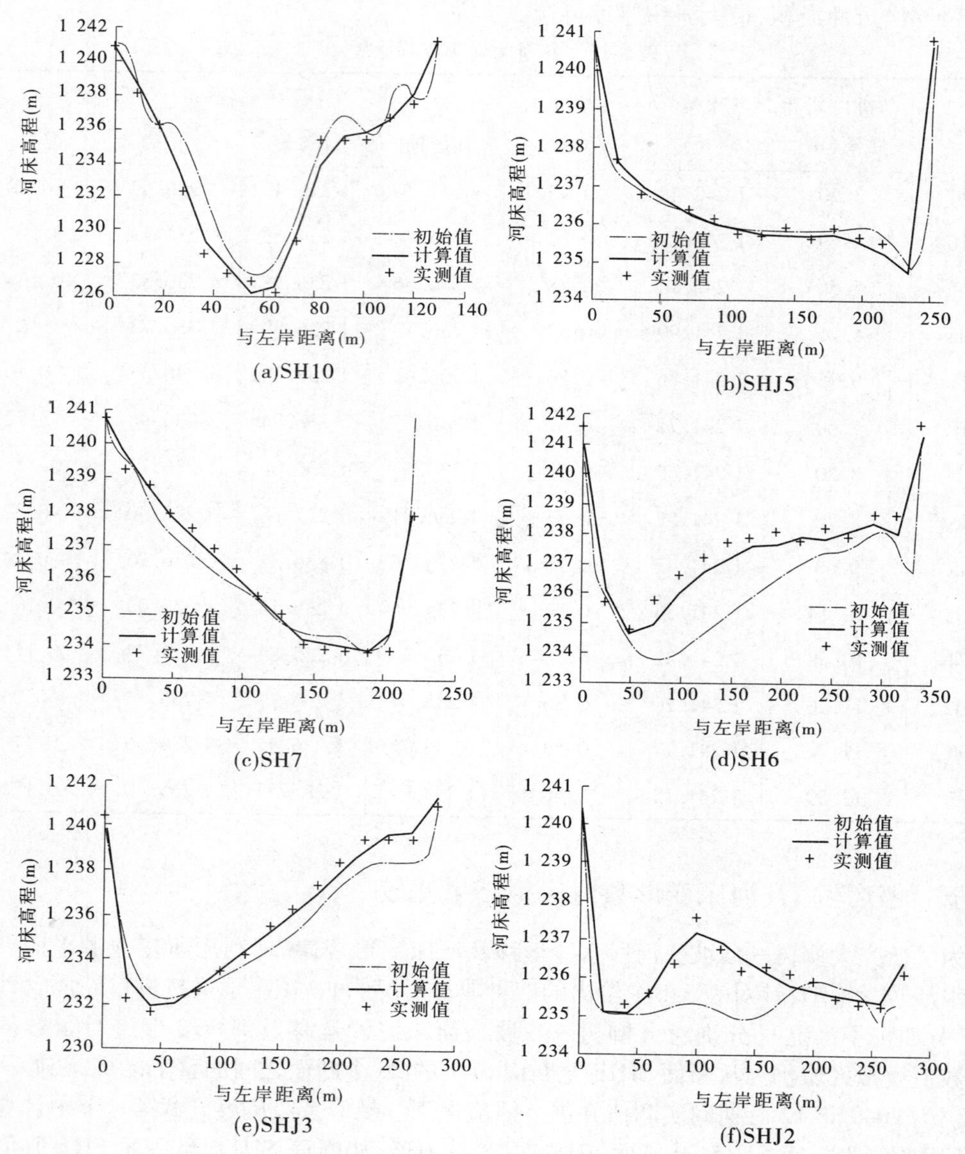

图 5-19　典型断面河床高程比较

因而含沙量也相应较大。而断面 SH6 之后的河段，平均流速仅为断面 SH13 和断面 SH12 处流速的 1/3，水流挟沙力很小，因而含沙量也相应较小。在工况 4 条件下，水流进口含沙量为 20 kg/m^3，大于断面 SH13 和断面 SH12 处的水流挟沙力，因此含沙量没有出现前三种工况下从进口断面到断面 SH12 附近的上升趋势，含沙量基本呈下降的趋势，直到断面 SHJ1 处（靠近出口的倒数第二个断面），含沙量又开始上升。这是因为出口断面 SH1 处的平均流速大于断面 SHJ1 处，相应水流挟沙力也较大。分组含沙量中，第二粒径组（d = 0.05 mm）的含沙量最大，其次是第一粒径组（d = 0.01 mm），第三粒径组（d = 0.25 mm）的含沙量最小，这与进口悬移质泥沙级配基本一致。

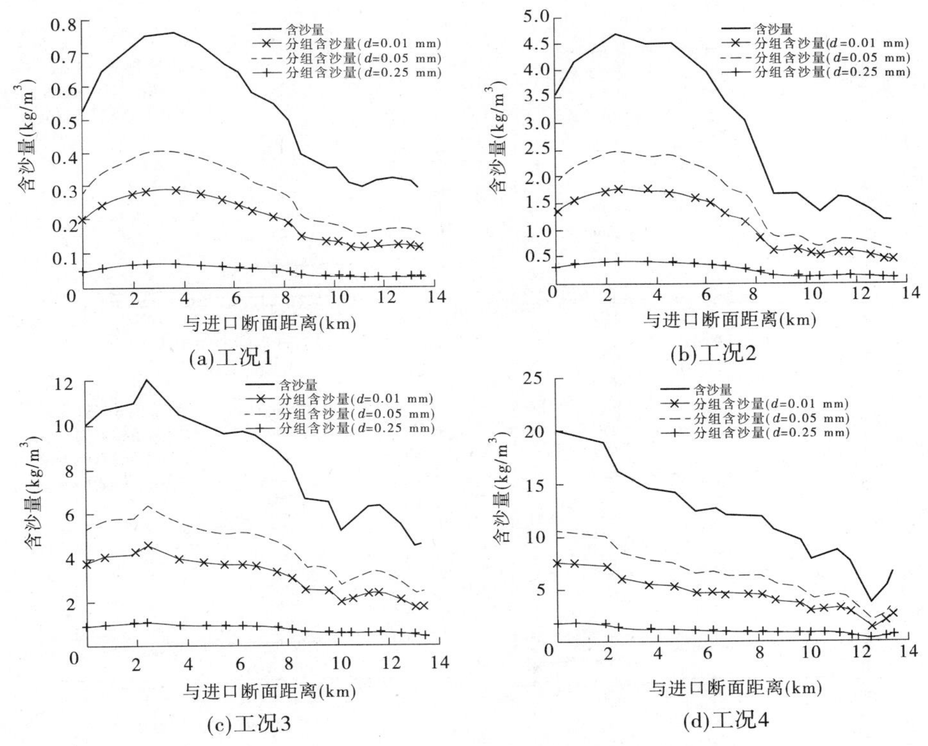

图 5-20　悬移质含沙量及分组含沙量沿主流线的分布

图 5-21 给出了四种典型工况在进口含沙量变化时悬移质含沙量沿主流线的分布。各种工况下含沙量沿程均呈下降的趋势，但下降的幅度有所不同。同一工况下，进口含沙量越大，含沙量沿程下降越快。进口含沙量相同时，不同工况下，含沙量沿程下降幅度也有所不同。一般而言，随着流量的增大，含沙量沿程下降幅度趋于平缓。这是因为，各种工况下流速沿程呈减小的趋势，水流挟沙力沿程也随之减小，相应含沙量沿程也呈减小的趋势。同一工况下，进口断面含沙量增大，但水流挟沙力并不随之增大，当含沙量大于挟沙力时，悬移质泥沙会随之下沉，且含沙量越大，下沉幅度越大，因而含沙量沿程减小也越快。当悬移质泥沙含量减小到接近水流挟沙力时，含沙量减小幅度放缓（距进口断面 8 km 左右，断面 SH6 附近）。同一含沙量条件下，随着流量的增大，不同位置处流速及水流挟沙力也随之增大，因此含沙量沿程减小，幅度变缓。

（二）悬移质含沙量沿横向分布比较分析

前面比较并分析了含沙量沿纵向的分布情况。现在来比较分析含沙量沿横向的分布情况。图 5-22 给出了六个典型断面处在四种工况下含沙量沿横向的分布情况。可以发现，四种工况下各断面含沙量有所不同。工况 1 条件（枯水少沙）下进口处流量及含沙量均较小，各断面含沙量也较小；工况 4 条件（丰水多沙）下进口处流量及含沙量较大，各断面含沙量也较大；工况 2 和工况 3 条件（中水中沙）下进口处流量及含沙量居中，各断面含沙量也位于工况 1 和工况 4 的含沙量之间。

另外，从图 5-22 中可以发现，含沙量沿横向分布不太均匀，一般两岸附近含沙量较

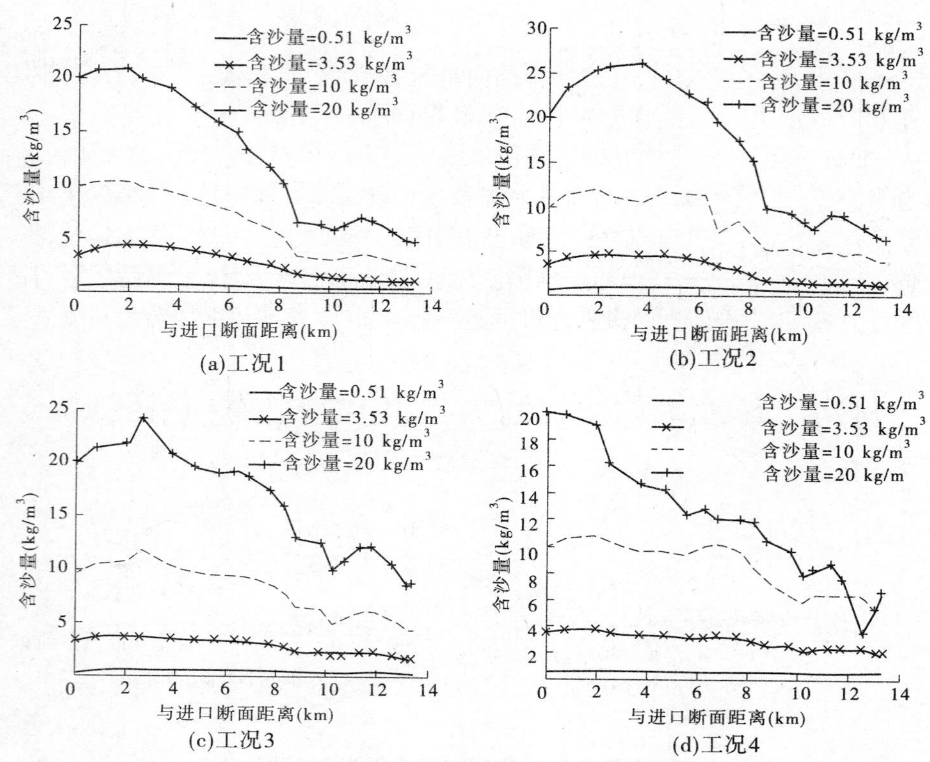

图 5-21　各种工况在不同进口含沙量条件下悬移质含沙量沿主流线的分布

小，而河道中心处含沙量较大，一般流速越大处含沙量也较大。断面 SH13 位于弯道 *A* 和弯道 *B* 的衔接处，既位于弯道 *A* 的出口处，又位于弯道 *B* 的进口处，其最大流速靠近河道中心线处，最大含沙量也位于河道中心线附近；断面 SH10 位于弯道 *C* 的进口段，最大流速靠近河道中心线附近，最大含沙量也位于河道中心线附近；断面 SHJ5 和断面 SH7 分别位于弯道 *C* 的弯顶段和出口段，最大流速靠近右岸（凹岸），最大含沙量也靠近右岸；断面 SH5 位于弯道 *D* 的弯顶段，最大流速靠近左岸（凹岸），最大含沙量也靠近左岸；断面 SHJ2 位于弯道 *D* 的出口段，该处比较顺直，最大流速位于河道中心线附近，最大含沙量也靠近河道中心线处。以上说明，含沙量沿横向的分布与流速分布基本一致。

（三）河床变形沿纵向的分布比较分析

现在来比较典型工况下河床变形情况。图 5-23 为工况 2 条件下当含沙量分别取为 0.51 kg/m³、3.53 kg/m³、10 kg/m³、20 kg/m³（分别记为工况 2.1、工况 2.2、工况 2.3、工况 2.4）时经过 10 d 的冲淤变化后的河床高程，其中初始值为 2008 年 12 月实测河床高程。为了更精确地反映河床变形情况，现将 20 个典型断面在主流线处的河床高程值及冲淤厚度列表，用表 5-13 表示。冲淤厚度中负值表示冲刷，正值表示淤积。可以发现，工况 2.1 条件下由于进口含沙量较小，河床普遍呈冲刷状态，冲刷厚度最大可达 9 cm 左右。在工况 2.2 条件下，进口含沙量有所增大，这时除在进口断面和出口断面附近流速较大的一部分区域河床出现微量冲刷外，其余部分河床均呈微弱淤积状态，淤积厚度最高可达 0.52

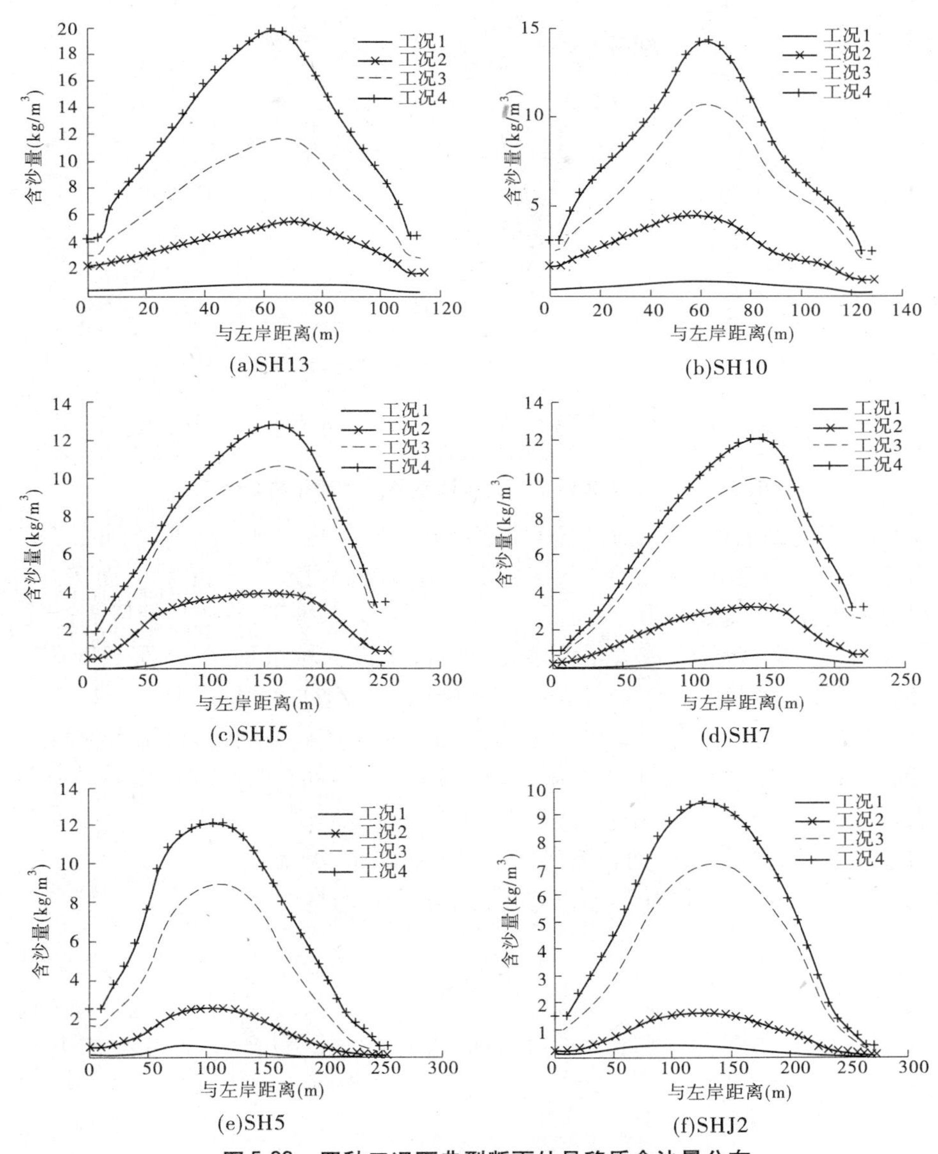

图 5-22　四种工况下典型断面处悬移质含沙量分布

m(断面 SH10 处)。在工况 2.3 条件下,进口含沙量继续增大,河床普遍呈淤积状态,淤积厚度最高可达 1.83 m(断面 SH10 处)。在工况 2.4 条件下,进口含沙量最大,河床淤积程度较为严重,最大淤积厚度可达 3.55 m,仍发生在断面 SH10 处。这是因为断面 SH10 在整个河段地形最低,位于河谷的谷底,容易发生淤积。

图 5-24 和表 5-14 给出了进口含沙量为 3.53 kg/m^3,其他条件按工况 1 至工况 4 给定(分别记为工况 1.2、工况 2.2、工况 3.2、工况 4.2)时,经过 10 d 的冲淤变化,各断面河床冲淤平均高程沿纵向分布。可以发现,在工况 1.2 和工况 2.2 条件下,该河段河床整体呈淤积状态,在断面 SH10 处淤积高程将近 40 cm,而在个别水面宽度较小、流速较大的一些

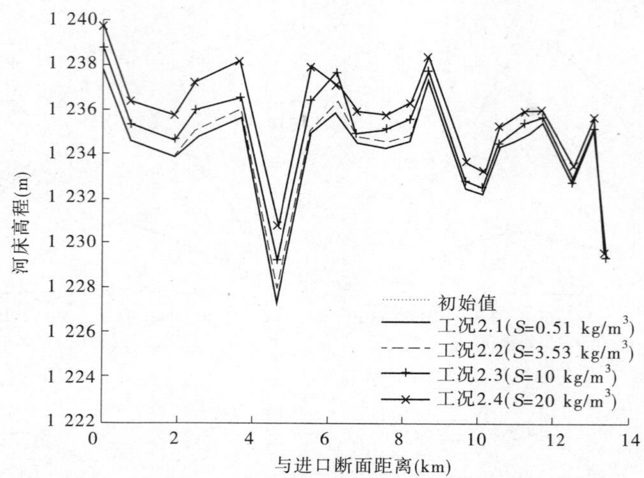

图 5-23　工况 2 条件下进口含沙量不同时河床冲淤情况

断面(如断面 SH4、断面 SHJ2、断面 SHJ1、断面 SH1 等)河床出现微弱冲刷,冲刷高程不足 7 cm。在工况 3.2 和工况 4.2 条件下,该河段在进口断面附近以冲刷为主,而在出口断面附近,则以淤积为主。这是因为,在工况 1.2 和工况 2.2 条件下,在进口河段流速较小,水流挟沙力小于进口含沙量,造成大量泥沙在进口段附近区域淤积,到断面 SH5 附近冲淤基本平衡,之后当流速较大时(如断面 SHJ2 和断面 SH1 附近),水流挟沙力大于含沙量,河床出现冲刷现象;而在工况 3.2 和工况 4.2 条件下,在进口断面附近,流速较大,水流挟沙力大于含沙量,河床出现冲刷,当冲刷达到一定距离后(如在断面 SH9 附近),达到冲淤平衡状态,在断面 SH9 的下游断面(如断面 SHJ2 和断面 SHJ1),当流速较小时,水流挟沙力小于含沙量,河床出现淤积,而在流速较大的一些断面,水流挟沙力大于含沙量,河床又出现冲刷现象。这反映了天然河流大水冲刷、小水淤积的自然现象。

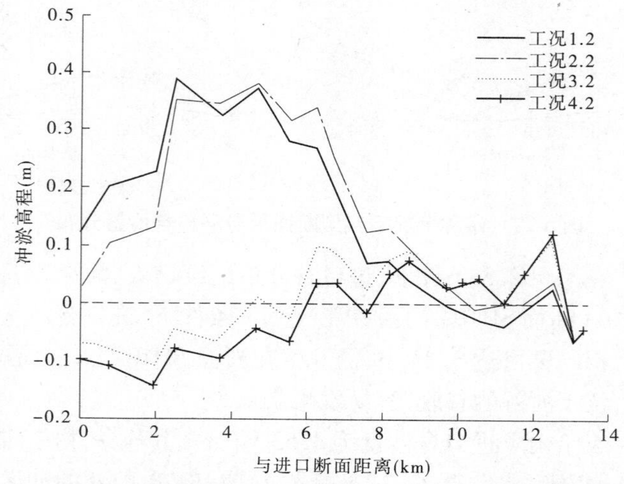

图 5-24　四种工况在进口含沙量相同($3.53\ kg/m^3$)时河床冲淤情况

表 5-13　工况 2 在四种进口含沙量条件下河床冲淤情况　（单位:m）

断面编号	初始河床高程	工况 2.1		工况 2.2		工况 2.3		工况 2.4	
		河床高程	冲淤厚度	河床高程	冲淤厚度	河床高程	冲淤厚度	河床高程	冲淤厚度
SH15	1 238.16	1 238.08	-0.08	1 238.11	-0.06	1 238.78	0.62	1 239.79	1.62
SH14	1 234.72	1 234.64	-0.09	1 234.66	-0.06	1 235.36	0.64	1 236.30	1.46
SH13	1 233.98	1 233.89	-0.09	1 233.94	-0.04	1 234.61	0.64	1 235.70	1.38
SH12	1 234.69	1 234.64	-0.05	1 235.12	0.20	1 235.98	1.06	1 237.24	2.62
SH11	1 235.75	1 235.72	-0.03	1 236.04	0.42	1 236.61	1.20	1 238.26	2.85
SH10	1 227.29	1 227.28	-0.02	1 227.82	0.52	1 229.12	1.83	1 230.84	3.55
SH9	1 234.96	1 234.94	-0.02	1 235.14	0.41	1 236.33	1.60	1 238.05	3.32
SHJ5	1 235.87	1 235.88	0.01	1 236.37	0.50	1 237.59	1.72	1 237.12	1.84
SH8	1 234.50	1 234.50	0.00	1 234.91	0.41	1 234.84	0.77	1 235.98	1.91
SH7	1 234.31	1 234.29	-0.02	1 234.54	0.23	1 235.15	0.89	1 235.74	1.68
SHJ4	1 234.65	1 234.63	-0.02	1 234.89	0.13	1 235.53	0.58	1 236.36	1.13
SH6	1 237.36	1 237.35	-0.02	1 237.44	0.07	1 237.84	0.40	1 238.33	0.73
SH5	1 232.50	1 232.47	-0.03	1 232.51	0.01	1 232.83	0.33	1 233.64	1.14
SHJ3	1 232.28	1 232.25	-0.03	1 232.26	-0.02	1 232.53	0.25	1 233.26	0.98
SH4	1 234.33	1 234.29	-0.04	1 234.30	-0.03	1 234.51	0.18	1 235.24	0.90
SHJ2	1 234.93	1 234.88	-0.05	1 234.88	-0.05	1 235.43	0.12	1 235.99	0.76
SH3	1 235.46	1 235.42	-0.04	1 235.52	-0.03	1 235.65	0.24	1 235.99	0.76
SH2	1 232.70	1 232.68	-0.02	1 232.75	0.05	1 232.84	0.39	1 233.47	1.18
SHJ1	1 235.23	1 235.16	-0.08	1 235.15	-0.08	1 235.16	-0.07	1 235.66	0.20
SH1	1 229.11	1 229.04	-0.07	1 229.03	-0.08	1 229.04	-0.07	1 229.47	0.36

（四）河床变形沿横向分布比较分析

现在来研究一些典型断面处河床变形情况。图 5-25 为工况 2.1 至工况 2.4 条件下 10 d 后的河床高程。在工况 2.1 条件下，由于进口含沙量较小（仅为 0.51 kg/m^3），各断面出现微量冲刷，但由于冲刷厚度较小，河床高程与初始河床高程近似重合。其他工况条件下部分断面大部分位置河床呈程度不同的淤积状态，且随着进口断面含沙量的增大，淤积厚度有所增加。在断面 SH10 中，主流线、深泓线及最大含沙量均位于弯道中心线附近，一般来说，在深泓线附近淤积量较大；在断面 SHJ5、断面 SH7 和断面 SH5 中，深泓线、主流线靠近凹岸，但最大含沙量在弯道中心线附近靠近凹岸处，与深泓线并不重合，淤积主要发生在凸岸附近靠近中心线处。

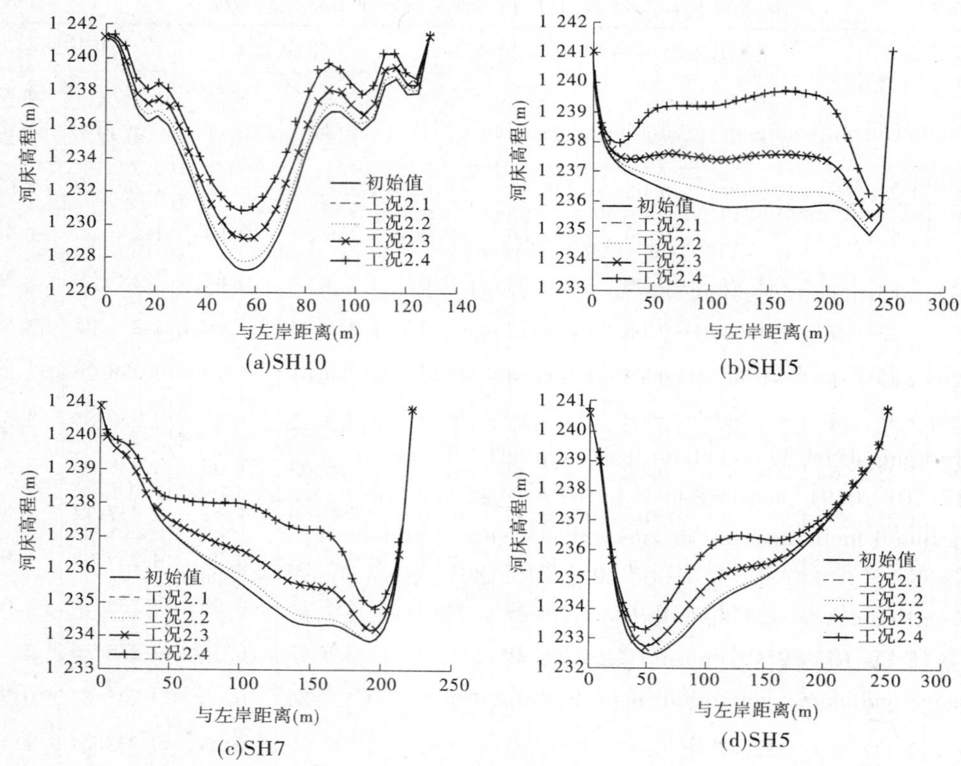

图 5-25　工况 2 条件下不同含沙量时河床冲淤情况

图 5-26 给出了工况 4 条件下，当含沙量分别为 0.51 kg/m³、3.53 kg/m³、10 kg/m³、20 kg/m³(分别记为工况 4.1、工况 4.2、工况 4.3、工况 4.4)时，经过 10 d 后，一些典型断面处的河床冲淤厚度的模拟值，其中负值表示冲刷，正值表示淤积。在工况 4.1 条件下，各断面均出现程度不同的冲刷，其中断面 SH10 在河道中心线附近的河床冲刷厚度近 10 cm，其他断面河床冲刷厚度较小，接近冲淤平衡状态；在工况 4.2 条件下，断面 SH10 和断面 SH7 的河床冲刷，断面 SHJ5 和断面 SH5 处河床为淤积。如表 5-14 所示，断面 SH10 和断面 SH7 处平均流速较大，相应挟沙力也较大，而断面 SHJ5 和断面 SH5 处平均流速较小，相应挟沙力较小。当挟沙力小于含沙量时，河床出现淤积，反之则河床出现冲刷。在工况 4.3 和工况 4.4 条件下，进口含沙量较大，各断面含沙量相应也较大，在四个断面处均出现程度不同的淤积。含沙量越大，淤积高程越大。在工况 4.3 条件下，断面 SHJ5、断面 SH7、断面 SH5 河床最大淤积厚度为 1 m 左右，而断面 SH10 的最大淤积厚度不足 0.5 m；在工况 4.4 条件下，断面 SHJ5、断面 SH7、断面 SH5 河床最大淤积厚度均超过 2 m，断面 SH10 处河床最大淤积厚度为 1.6 m 左右。

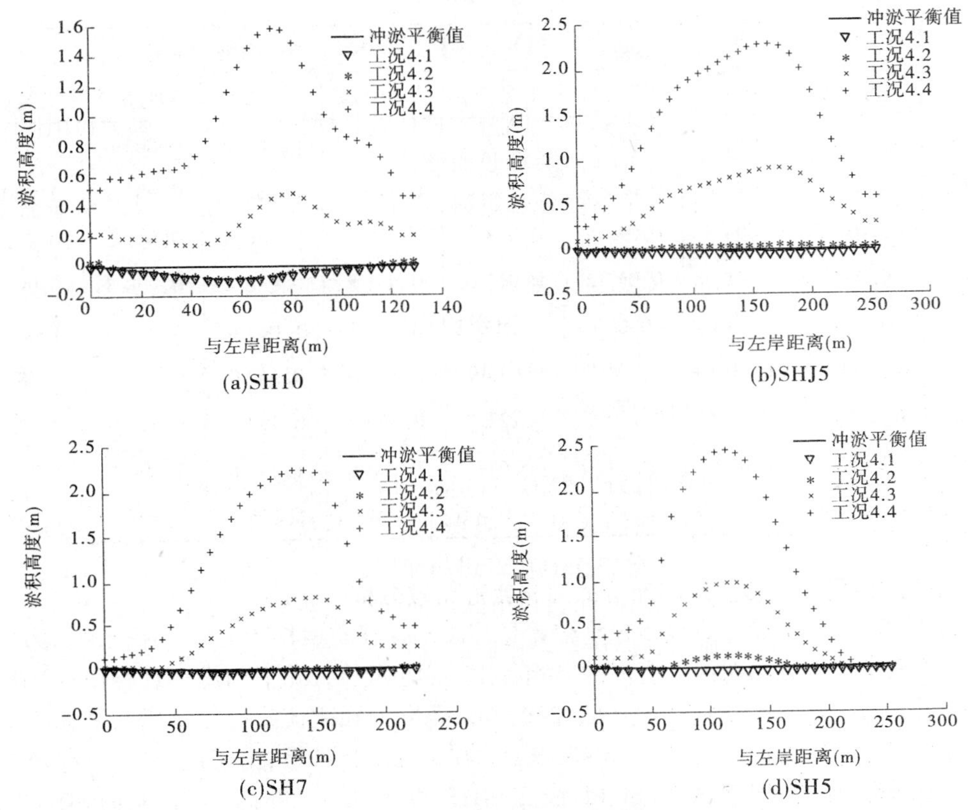

图 5-26　工况 4 条件下不同含沙量时河床冲淤情况

表 5-14　进口含沙量为 3.53 kg/m³ 时典型断面处河床冲淤高程及流速大小

断面编号	冲淤高程(m)				流速(m/s)			
	工况 1.2	工况 2.2	工况 3.2	工况 4.2	工况 1.2	工况 2.2	工况 3.2	工况 4.2
SH15	0.126 5	0.029 1	−0.069 8	−0.099 5	1.412 9	1.775 4	2.039 0	2.316 5
SH14	0.200 9	0.104 6	−0.076 5	−0.109 9	0.981 0	1.321 3	1.882 2	2.193 8
SH13	0.224 7	0.132 1	−0.107 3	−0.144 3	1.035 5	1.369 0	2.145 6	2.551 5
SH12	0.389 0	0.352 9	−0.045 9	−0.079 3	0.838 4	1.025 4	1.735 7	2.056 6
SH11	0.324 3	0.346 2	−0.068 2	−0.097 0	0.836 5	0.967 6	1.713 0	2.043 4
SH10	0.372 7	0.381 0	0.012 5	−0.045 6	0.502 6	0.651 7	1.322 3	1.647 7
SH9	0.278 1	0.315 5	−0.031 7	−0.066 0	0.674 2	0.793 4	1.424 1	1.722 8
SHJ5	0.267 8	0.340 2	0.100 6	0.033 7	0.518 0	0.594 4	1.005 7	1.193 1
SH8	0.197 9	0.248 2	0.090 6	0.034 6	0.580 4	0.678 7	1.065 0	1.257 8
SH7	0.069 4	0.118 8	0.021 4	−0.018 1	0.638 8	0.743 3	1.106 8	1.294 6
SHJ4	0.073 2	0.132 4	0.075 7	0.046 7	0.590 1	0.646 0	0.887 5	1.016 5

续表 5-14

断面编号	冲淤高程(m)				流速(m/s)			
	工况 1.2	工况 2.2	工况 3.2	工况 4.2	工况 1.2	工况 2.2	工况 3.2	工况 4.2
SH6	0.040 8	0.096 6	0.090 7	0.073 2	0.647 2	0.700 1	0.863 6	0.963 5
SH5	-0.001 8	0.028 8	0.038 5	0.027 6	0.703 8	0.782 2	0.934 6	1.050 7
SHJ3	-0.013 5	0.008 3	0.043 5	0.038 1	0.700 6	0.786 7	0.841 6	0.932 3
SH4	-0.026 5	-0.019 8	0.047 2	0.045 0	0.831 8	0.928 4	0.908 5	0.990 0
SHJ2	-0.039 0	-0.040 9	-0.000 1	-0.002 3	0.965 1	1.063 4	1.013 3	1.089 8
SH3	-0.009 9	-0.006 9	0.044 7	0.048 9	0.496 6	0.562 2	0.544 5	0.584 4
SH2	0.024 8	0.041 3	0.109 8	0.122 6	0.450 7	0.493 2	0.493 0	0.522 4
SHJ1	-0.065 7	-0.063 1	-0.047 8	-0.047 2	1.180 8	1.235 8	1.199 6	1.247 0
SH1	-0.041 6	-0.049 9	-0.033 7	-0.034 6	0.994 2	1.195 3	1.191 2	1.257 5

(五)推移质和悬移质运移产生的河床变形比较分析

本书所建立的平面二维全沙模型包含悬移质和推移质运移产生的河床变形。为了反映悬移质和推移质运移对河床变形的影响程度,现将四种工况下当进口悬移质含沙量相同时(均为 3.53 kg/m^3),经过 10 d 的冲淤变形,各断面在主流线处悬移质和推移质引起的冲淤厚度计算值进行比较,用表 5-15 表示。在工况 1 条件下,由于流量较小,除流速较大的 7 个断面(断面 SH15、断面 SH14、断面 SH13、断面 SH12、断面 SHJ2、断面 SHJ1 和断面 SH1)外,推移质引起的河床冲淤厚度较小,可以忽略不计。即使在这 7 个断面处,推移质引起的冲淤厚度很小,仅相当于悬移质引起的冲淤厚度的 1/10 左右或更小。在工况 2 条件下,推移质引起的河床冲淤厚度有所增大,但相比悬移质引起的冲淤厚度仍很小,并在一部分断面处其值为零。在工况 3 条件下,推移质引起的冲淤厚度继续增大,在绝大部分断面处冲淤量不为零,但相比悬移质泥沙引起的冲淤厚度仍较小,不到悬移质引起的冲淤厚度的 1/10。在工况 4 条件下,由于流量较大,推移质输沙率较大,这时推移质引起的河床变形相对较大,在一些断面处(如 SH12),其冲淤厚度已接近悬移质泥沙引起的冲淤厚度。

综合上述分析,可以得到这样的结论:在大柳树—沙坡头河段水沙数值模拟中,当流量较小(如小于 1 500 m^3/s)时,可以忽略推移质泥沙引起的河床变形,对计算结果不会产生较大影响。但当流量较大(如超过 2 000 m^3/s)时,则应同时考虑悬移质和推移质运移引起的河床变形。

(六)床沙级配调整比较分析

随着河床冲刷和淤积变形,床沙颗粒会发生粗化或细化现象。现以工况 4 为例来进行说明。在工况 4 条件下,当进口含沙量分别为 0.51 kg/m^3 和 10 kg/m^3 时(分别记为工况 4.1 和工况 4.3),运用本书所建立的平面二维紊流水沙数学模型,进行了 20 d 的数值模拟。床沙按粒径分六组,从第一组到第六组床沙代表粒径分别为 0.01 mm、0.05 mm、

0.25 mm、2 mm、10 mm 和 40 mm，在模拟开始时，床沙级配在模拟河段所有位置均取为相同的，各粒径组泥沙在床沙中的含量百分比分别取为 0.2%、3.8%、17.9%、12.7%、36.5%和 28.9%，如表 5-3 所示。假设水流进口断面泥沙中只包含悬移质，不包含推移质，且悬移质泥沙级配和初始床沙级配基本一致，如表 5-2 所示。

表 5-15　在进口含沙量（3.53 kg/m³）相同条件下推移质和悬移质引起的河床冲淤厚度

（单位：m）

断面编号	工况 1.2		工况 2.2		工况 3.2		工况 4.2	
	推移质	悬移质	推移质	悬移质	推移质	悬移质	推移质	悬移质
SH15	0.001 1	0.072 3	0.003 9	-0.060 4	0.003 5	-0.109 6	0.001 9	-0.140 5
SH14	0.000 1	0.064 2	0.001 3	-0.060 0	-0.003 3	-0.128 4	-0.012 9	-0.161 3
SH13	0.001 2	0.036 1	0.003 8	-0.044 6	0.009 0	-0.191 3	0.008 4	-0.238 1
SH12	0.000 2	0.224 0	-0.000 5	0.204 4	-0.006 8	-0.138 1	0.125 7	-0.182 6
SH11	0	0.351 2	0	0.421 2	0.007 7	-0.091 3	0.012 2	-0.131 2
SH10	0	0.474 9	0	0.521 9	0.001 3	-0.061 5	0.004 0	-0.102 8
SH9	0	0.342 8	0	0.412 7	0.001 6	-0.065 5	0.002 9	-0.102 1
SHJ5	0	0.422 5	0	0.500 7	0.001 8	0.150 0	0.003 5	0.040 9
SH8	0	0.291 8	0	0.410 9	-0.001 1	0.180 0	-0.001 6	0.096 1
SH7	0	0.148 4	0	0.230 3	0.001 0	0.080 3	0.001 8	0
SHJ4	0	0.149 2	0	0.130 8	0.000 6	0.105 1	0.000 9	0.049 3
SH6	0	0.016 1	0	0.073 8	0	0.104 9	0.002 0	0.078 1
SH5	0	-0.028 9	0	0.013 8	0.000 1	0.053 9	0.000 8	0.033 2
SHJ3	0	-0.031 8	0	-0.021 1	0	0.002 2	0.000 1	-0.015 4
SH4	0	-0.035 5	-0.000 3	-0.033 6	0	0.045 8	-0.000 7	0.038 2
SHJ2	0.003 4	-0.051 1	0.002 0	-0.050 2	0.001 6	0.018 5	0.001 9	0.012 8
SH3	0	-0.025 3	0.000 3	-0.027 3	0	0.074 1	0.000 3	0.076 5
SH2	0	0.036 7	0	0.051 5	0	0.169 9	0	0.170 2
SHJ1	-0.008 1	-0.079 9	-0.008 8	-0.076 0	-0.007 3	-0.055 0	-0.007 9	-0.053 5
SH1	0.000 6	-0.080 7	0.001 7	-0.079 5	0.002 4	-0.051 2	0.002 7	-0.052 6

表 5-16 给出了在工况 4.1 条件下，冲淤 20 d 后床沙级配在 20 个典型断面处的平均值。表 5-16 中第二列给出了从断面 SH1 到断面 SH15 的平均冲淤高程，其中负值表示冲刷。可以看出，除断面 SH2 外，在其余断面处河床出现程度不同的冲刷。除断面 SH2 外，第一粒径组（即分组 1，粒径为 0.01 mm）、第二粒径组（即分组 2，粒径为 0.05 mm）和第三粒径组（即分组 3，粒径为 0.25 mm）泥沙，在床沙中所占比例在各断面处均有所减小，而后三组泥沙（即分组 4～6，粒径分别为 2 mm、10 mm、20 mm），在床沙中所占比例有所增

加。因此,随着河床的冲刷,细颗粒泥沙被冲起变为悬移质被水流带走,粗颗粒泥沙虽然也可能被冲起变为推移质的一部分,但数量较小,而且不断有上游河段的推移质淤积进行补充。因此,在工况 4.1 条件下,床沙整体上呈粗化现象。

表 5-16　工况 4.1 条件下冲淤 20 d 后床沙级配调整

断面编号	淤积高程(m)	初始各粒径组床沙含量百分比(%)						20 d 后各粒径组床沙含量百分比(%)					
		分组 1	分组 2	分组 3	分组 4	分组 5	分组 6	分组 1	分组 2	分组 3	分组 4	分组 5	分组 6
SH15	-0.188 4	0.2	3.8	17.9	12.7	36.5	28.9	0.17	3.1	12.8	13.6	39.2	31.1
SH14	-0.201 1	0.2	3.8	17.9	12.7	36.5	28.9	0.17	3.1	12.7	13.5	39.3	31.2
SH13	-0.232 2	0.2	3.8	17.9	12.7	36.5	28.9	0.15	2.8	11.1	14.1	40.3	31.6
SH12	-0.150 7	0.2	3.8	17.9	12.7	36.5	28.9	0.17	3.1	12.9	14.3	38.9	30.6
SH11	-0.176 8	0.2	3.8	17.9	12.7	36.5	28.9	0.17	3.1	12.8	13.8	39.1	30.9
SH10	-0.109 1	0.2	3.8	17.9	12.7	36.5	28.9	0.18	3.4	14.7	13.4	38.1	30.1
SH9	-0.135 7	0.2	3.8	17.9	12.7	36.5	28.9	0.18	3.3	14.1	13.5	38.4	30.4
SHJ5	-0.067 9	0.2	3.8	17.9	12.7	36.5	28.9	0.19	3.6	15.9	13.2	37.5	29.7
SH8	-0.075 6	0.2	3.8	17.9	12.7	36.5	28.9	0.19	3.6	15.9	13.0	37.6	29.7
SH7	-0.082 9	0.2	3.8	17.9	12.7	36.5	28.9	0.19	3.5	15.5	13.2	37.7	29.8
SHJ4	-0.054 3	0.2	3.8	17.9	12.7	36.5	28.9	0.20	3.7	16.4	13.0	37.3	29.5
SH6	-0.046 8	0.2	3.8	17.9	12.7	36.5	28.9	0.20	3.7	16.6	13.0	37.2	29.4
SH5	-0.055 9	0.2	3.8	17.9	12.7	36.5	28.9	0.20	3.7	16.3	13.0	37.3	29.5
SHJ3	-0.045 1	0.2	3.8	17.9	12.7	36.5	28.9	0.20	3.7	16.6	12.9	37.1	29.4
SH4	-0.047 4	0.2	3.8	17.9	12.7	36.5	28.9	0.20	3.7	16.6	12.9	37.2	29.4
SHJ2	-0.058 5	0.2	3.8	17.9	12.7	36.5	28.9	0.19	3.6	16.2	13.1	37.3	29.6
SH3	-0.016 3	0.2	3.8	17.9	12.7	36.5	28.9	0.24	3.9	17.2	12.8	36.7	29.1
SH2	0.004 0	0.2	3.8	17.9	12.7	36.5	28.9	0.30	4.2	17.5	12.7	36.4	28.9
SHJ1	-0.091 2	0.2	3.8	17.9	12.7	36.5	28.9	0.19	3.6	15.7	12.8	37.8	29.9
SH1	-0.068 7	0.2	3.8	17.9	12.7	36.5	28.9	0.19	3.6	15.8	13.3	37.5	29.7

从纵向来看,从表 5-16 中还可发现,床沙沿水流方向基本呈细化现象,也就是说,细颗粒泥沙(第 1 ~ 3 组)沿程呈增加的趋势,而粗颗粒泥沙(第 4 ~ 6 组)沿程整体呈减小的趋势。这是因为,水流流速沿程呈减小的趋势,从而河床冲刷厚度也沿程呈减小的趋势(如表 5-16 第二列所示)。河床冲刷越严重,河床中的细颗粒泥沙被起带走的量也就越多,从而床沙中细颗粒泥沙数量就越少。反过来,河床冲刷量越小,则床沙中细颗粒泥沙数量就越多。

表 5-17 给出了在工况 4.3 条件下,冲淤 20 d 后床沙级配在 20 个典型断面处的平均值。工况 4.3 条件下,进口断面含沙量为 10 kg/m^3,含沙量相对较大,除断面 SH13 流速

较大,河床发生冲刷外,其余断面处河床均发生了不同程度的淤积,床沙整体上呈细化现象。从第四粒径组到第六粒径组床沙含量百分比变小,从第一粒径组到第三粒径组泥沙含量百分比变大。

从纵向看,与工况 4.1 的情形比较类似,细颗粒泥沙含量百分比沿程呈增大趋势,而粗颗粒泥沙含量百分比沿程呈减小的趋势,即床沙沿水流方向呈细化现象。这是因为,水流流速沿程呈减小的趋势,河床淤积高程沿程呈增大的趋势(如表 5-17 所示),淤积量越大,细颗粒泥沙在床沙中所占比例越大,从而床沙细化程度越强。

表 5-17　工况 4.3 条件下冲淤 20 d 后床沙级配调整

断面编号	淤积高程(m)	初始各粒径组床沙含量百分比(%)						20 d 后各粒径组床沙含量百分比(%)					
		分组 1	分组 2	分组 3	分组 4	分组 5	分组 6	分组 1	分组 2	分组 3	分组 4	分组 5	分组 6
SH15	0.181 1	0.2	3.8	17.9	12.7	36.5	28.9	1.4	10.7	13.5	12.2	34.6	27.5
SH14	0.106 0	0.2	3.8	17.9	12.7	36.5	28.9	1.3	9.7	13.2	12.3	35.4	28.1
SH13	-0.109 0	0.2	3.8	17.9	12.7	36.5	28.9	0.8	6.4	10.3	13.4	38.7	30.5
SH12	0.277 6	0.2	3.8	17.9	12.7	36.5	28.9	1.5	11.4	13.9	12.4	34.0	26.7
SH11	0.047 7	0.2	3.8	17.9	12.7	36.5	28.9	1.1	8.1	13.7	12.8	35.9	28.4
SH10	0.527 8	0.2	3.8	17.9	12.7	36.5	28.9	2.2	16.0	16.3	10.8	30.6	24.2
SH9	0.430 7	0.2	3.8	17.9	12.7	36.5	28.9	2.0	14.9	15.5	11.0	31.5	25.0
SHJ5	1.210 8	0.2	3.8	17.9	12.7	36.5	28.9	3.1	22.4	19.8	9.0	25.5	20.2
SH8	1.297 3	0.2	3.8	17.9	12.7	36.5	28.9	3.1	22.5	20.0	8.8	25.5	20.2
SH7	0.937 6	0.2	3.8	17.9	12.7	36.5	28.9	2.6	19.2	18.5	9.8	27.9	22.1
SHJ4	1.242 3	0.2	3.8	17.9	12.7	36.5	28.9	3.0	21.8	20.2	9.0	25.7	20.4
SH6	1.351 5	0.2	3.8	17.9	12.7	36.5	28.9	3.0	22.1	20.4	8.9	25.5	20.2
SH5	0.984 9	0.2	3.8	17.9	12.7	36.5	28.9	2.4	18.3	19.2	9.8	28.1	22.2
SHJ3	0.939 0	0.2	3.8	17.9	12.7	36.5	28.9	2.4	17.9	19.3	9.8	28.2	22.4
SH4	0.985 7	0.2	3.8	17.9	12.7	36.5	28.9	2.5	19.1	19.4	9.6	27.6	21.8
SHJ2	0.684 7	0.2	3.8	17.9	12.7	36.5	28.9	2.1	16.1	18.0	10.4	29.8	23.6
SH3	0.667 6	0.2	3.8	17.9	12.7	36.5	28.9	1.9	14.9	19.3	10.4	29.9	23.6
SH2	0.958 4	0.2	3.8	17.9	12.7	36.5	28.9	2.4	18.6	20.9	9.4	27.1	21.5
SHJ1	0.174 8	0.2	3.8	17.9	12.7	36.5	28.9	1.2	9.7	15.7	11.7	34.4	27.3
SH1	0.133 1	0.2	3.8	17.9	12.7	36.5	28.9	1.1	8.4	15.7	12.4	34.9	27.6

图 5-27 给出了工况 4.1 和工况 4.3 条件下经过 20 d 河床冲淤后床沙级配调整的数值模拟结果。为简单起见,将粒径组 1 ~ 3 和粒径组 4 ~ 6 分别合并,将冲淤前后床沙中两大组的含量百分比沿程的分布表示出来。从图 5-27 中容易发现,从时间上来看,在河床冲刷(工况 4.1)时,床沙中细颗粒泥沙(分组 1 ~ 3)所占比例减小,而粗颗粒泥沙(分组 4 ~ 6)所占比例增大;在河床淤积(工况 4.3)时,细颗粒泥沙所占比例增大,粗颗粒泥沙所

占比例有所减小。从空间来看，无论工况 4.1 还是工况 4.3，细颗粒泥沙数量沿程呈增大的趋势，而粗颗粒泥沙数量沿程呈减小的趋势。

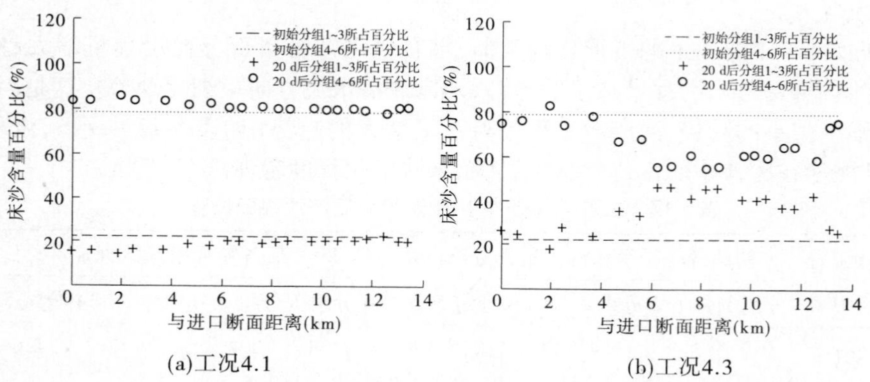

图 5-27　工况 4 条件下 20 d 冲淤变化后床沙级配的变化

以上说明，河床冲刷时床沙会发生粗化现象，而淤积时床沙会发生细化现象；平均流速较大的断面比流速较小的断面，床沙中较粗颗粒泥沙数量相对较多，而较细颗粒泥沙数量相对较少。

第四节　小　结

本章利用所建立的修正的 RNG $k-\varepsilon$ 紊流模型，对黄河上游大柳树—沙坡头河段连续弯道的水流运动及河床变形进行了平面二维数值模拟，通过模拟结果和实测结果进行了对比，反映了所建立水沙数学模型的合理性。分四种典型工况，分别计算了水面纵比降、横比降、悬移质泥沙分布、推移质输沙率及河床变形等，主要结果如下：

（1）数学模型采用平面二维 RNG $k-\varepsilon$ 紊流模型并进行修正，为了反映弯道离心力的影响，修正了相应动量方程项。

（2）在出口处添加一段垂直于出口断面的顺直河段，以便使用充分发展边界条件并保持计算过程稳定。

（3）采用自适应算法确定各子河段的曼宁系数值，可以提高模拟结果精度并有效地减少试算曼宁系数的计算工作量。

（4）采用了水流模块和泥沙模块的半耦合算法，兼具耦合算法和分离式算法的优点，可以节约计算工作量并保持一定的计算精度。

（5）在弯道渐缩段、渐扩段等处，主流线与深泓线会发生较大程度分离，而其他位置处，二者基本重合。

（6）水面纵比降和横比降的绝对值均随着进口断面流量的增大而增大。

（7）对比了各家计算泥沙沉速、水流挟沙力、推移质输沙率的公式，得到了适合于所研究河段的计算公式。

（8）水流挟沙力、含沙量在纵向、横向分布上与流速分布基本一致，从上游到下游呈减小的趋势，其最大值在弯道进口处靠近凸岸，然后逐渐向凹岸靠近，在弯顶处及下游河段靠近凹岸。

(9)在同一工况下，当进口含沙量较小时，河床呈冲刷状态；当进口含沙量较大时，河床呈淤积状态。

(10)在同一含沙量条件下，当进口流量较小时(工况1和工况2)，在进口断面附近河床呈淤积状态，当进口流量较大时(工况3和工况4)，在水流进口处附近河床呈冲刷状态；而在水流出口处附近，不同流量下河床冲淤变化不大。

(11)当流量较小(如小于1 500 m^3/s)时，模拟河段中悬移质引起的河床变形起主导地位，推移质引起的河床变形可以忽略不计；而当流量较大(如大于2 000 m^3/s)时，则应同时考虑悬移质和推移质对河床变形的影响。

(12)当河床冲刷时，床沙会发生粗化现象；而当河床淤积时，床沙会发生细化现象。一般平均流速较大的河段，床沙粗化程度较严重。

第六章　黄河大柳树—沙坡头河段水流运动三维数值模拟

本章对大柳树—沙坡头河段局部连续弯道(从断面 SH10 到断面 SH4)的水流运动,利用可实现 $k-\varepsilon$ 紊流模型进行了三维数值模拟,得到了不同断面处垂线平均流速分布、断面流速分布、主流流速和二次流的数值模拟结果,对部分断面弯道环流及水面处离心环流进行了模拟和分析。数值模拟结果与实测结果吻合较好,表明该模型可以用于对具有连续弯道的天然河道河流数值模拟。

由于可实现 $k-\varepsilon$ 紊流模型对标准 $k-\varepsilon$ 紊流模型进行了修正,且计算量与 $k-\varepsilon$ 紊流模型相当,可应用于旋转均匀剪切流、分离流等复杂的流动现象,本章将其应用到天然河流连续弯道水流运动的三维数值模拟中来。

关于三维可实现 $k-\varepsilon$ 紊流模型已在第二章第三节中作了详细介绍。该模型在直角坐标系下通用控制方程为式(2-113),方程中各项的代表意义如表 2-5 所示。采用适体坐标变换后通用控制方程变为式(2-122),各项的代表意义如表 2-6 所示。

第一节　数值模拟区域及数值计算方法

一、模拟区域

模拟区域为黄河宁夏境内大柳树—沙坡头河段的两个弯道组成的连续弯道,其进口断面距离沙坡头水库坝址为 9.61 km,出口断面距坝址为 3.72 km, 全长为 5.89 km,平均水面宽为 233 m,平均水面纵比降为 0.17‰,平均水深为 4.90 m, 2008 年 7 月项目组实测的基本数据如表 4-1 所示。

模拟区域共布置 10 个计算断面,从进口到出口依次为 SH10、SH9、SHJ5、SH8、SH7、SHJ4、SH6、SH5、SHJ3、SH4、如图 6-1 所示。模拟区域由曲率较大的两个连续弯道组成,其中断面 SH10 至断面 SH7 位于弯道 C,断面 SH7 至断面 SH4 位于弯道 D,两个弯道之间没有明显的顺直过渡段。

二、数值计算方法

采用有限体积法进行离散,其中对流项的离散采用延迟修正的 QUICK 格式,扩散项采用中心差分格式,源项采用局部线性化处理的方法,最后得到控制方程的离散形式为式(3-124)。模型方程的求解采用 SIMPLEC 算法,而离散的代数方程组的求解采用交替方向的 TDMA 算法。

关于 SIMPLEC 算法和 TDMA 算法已在第三章作了详细介绍,这里不再赘述。

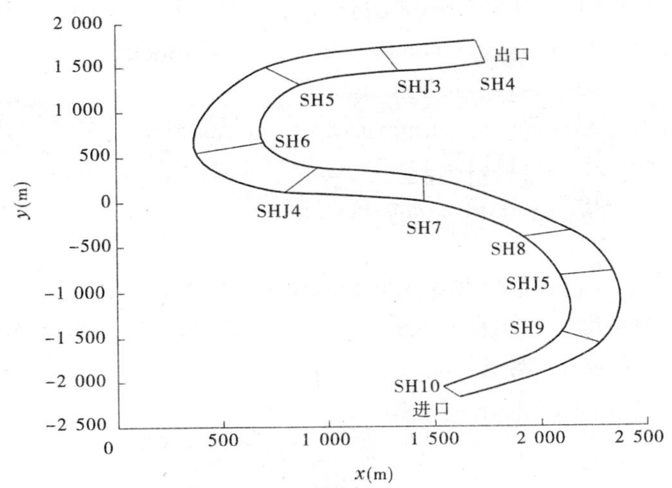

图 6-1　模拟区域平面示意图

(一)初始条件

模拟开始时,采用冷启动的方法,即除进口断面外,全场流速均取为 0,紊动动能 k 的值可取为 0.01,紊动动能耗散率 ε 可取为 0.001,可每隔若干迭代步自动保存数据一次,以免由于停机等造成数据的丢失,并供下一时段模拟时作为初始值使用。在同一工况下一时段数值模拟时,可采用热启动的方式进行计算,即流速、k 和 ε 的初始值均采用上一时段计算值。

河床地形采用 2008 年 7 月实测结果经过插值得到,水位值采用平面二维数值模拟结果。

(二)边界条件

1. 壁面边界

在河底和两岸,采用无滑移的固壁条件,并由壁面函数法处理。

2. 进口边界

进口给定流速分布、紊流动能和紊流动能耗散率,进口流速根据实测三维流速通过插值给定,k 和 ε 通过式(3-128)求得。进口断面平均流速取实测断面平均流速 0.99 m/s。

3. 出口边界

对于流速、压力 P 及 k 和 ε,在出口处均采用充分发展边界条件, 即式(3-129)。

4. 自由水面边界

可利用平面二维数值模拟结果给出自由水面的位置,然后采用刚盖假定,已在第三章第七节进行了详细说明,这里不再重复。

(三)网格剖分

采用结构网格(Structural Grid)对所研究区域进行剖分,将区域划分为 560 × 60 × 15 个网格,共计 547 536 个节点,504 000 个六面体单元。利用 Poisson 方程法进行适体坐标变换,将不规则的物理区域转化为规则的长方体区域,通过调节 Poisson 方程源项,可以将靠近壁面和自由水面附近的网格加密。

图 6-2 给出代表断面 SHJ3 处的网格剖分。沿河宽方向布置 60 个网格单元，垂直方向上布置 15 个网格单元。

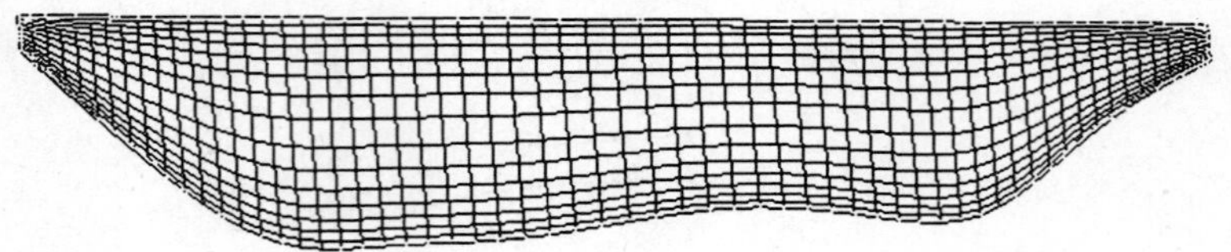

图 6-2　断面 SHJ3 处的网格剖分示意图

水平方向上的网格剖分如图 6-3 所示。为清晰起见，只给出从断面 SH9 到断面 SHJ5 部分，沿河流方向布置 560 个网格。

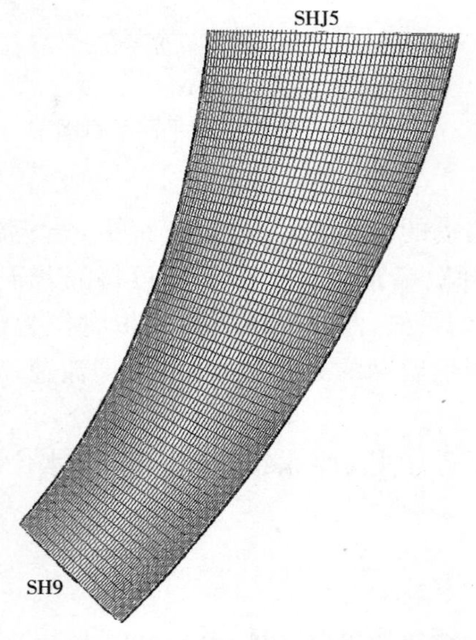

图 6-3　水平方向上的网格剖分示意图（断面 SH9 至断面 SHJ5）

第二节　数值模拟结果及分析

利用 2008 年 7 月的实测资料，通过数值模拟，得到了模拟区域的垂线平均流速分布、断面流速大小分布、主流流速（纵向流速）分布、二次流（即与主流流速垂直的横向流速）分布等，并与实测结果进行了比较。

一、垂向平均流速分布

为了比较垂向平均流速数值模拟结果和实测结果，现选出 6 个代表性断面，即 SH9、SHJ5、SH7、SHJ4、SH6、SHJ3 进行比较，如图 6-4 所示。图 6-4 中，横坐标 y 表示距左岸的距离，单位为 m；纵坐标 $\overline{U}$ 为垂线平均流速，单位为 m/s；实线为计算值，点表示实测值。

可以看出，这 6 个断面处数值模拟结果和实测结果比较吻合。断面 SH9、断面 SHJ5

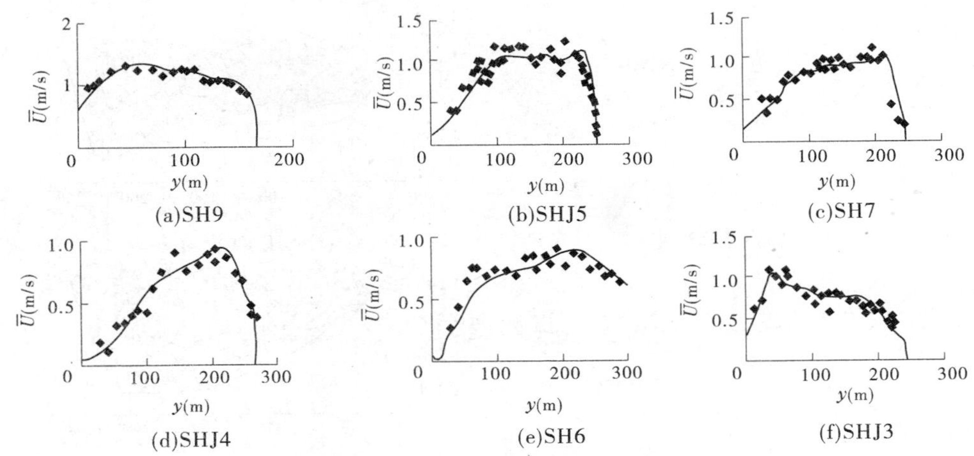

图 6-4 计算和实测垂线平均流速比较

和断面 SH7 分别位于弯道 C 的进口段、弯顶处和出口段,这时左岸为凸岸,右岸为凹岸,流速最大值依次从凸岸向凹岸处移动;断面 SHJ4、断面 SH6 和断面 SHJ3 分别位于弯道 D 进口段、弯顶处和出口段,这时左岸为凹岸,右岸为凸岸,流速最大值从凸岸向凹岸逐渐过渡,无论数值模拟结果,还是实测结果,都具有相同的趋势,这完全符合弯道水流运动的一般规律。

二、断面流速大小比较

图 6-5 给出了 4 个典型断面(断面 SHJ5、断面 SH7、断面 SH6、断面 SH4)处流速等值线图,流速单位为 m/s。图 6-5 左侧图 6-5(1a)~图 6-5(4a)分别为 4 个断面处流速大小的计算值,右侧图 6-5(1b)~图 6-5(4b)分别为与左侧相同的断面处相应的实测值。

从图 6-5 可以发现,在 4 个典型断面处,计算流速与实测流速具有较为接近的分布。断面 SHJ5 位于第一个弯道弯顶处,河床横比降较小,流速分布比较均匀,最大流速位于河中心偏右岸处(距左岸约 150 m)。断面 SH7 位于弯道 C 出口段,河床横比降较大,深泓线(断面水深最大处)及最大流速都靠近右岸(凹岸)。断面 SH6 位于弯道 D 的弯顶处,深泓线靠近左岸(距离左岸约 50 m),但最大流速却位于河中心偏左岸处(距离左岸约 120 m)。断面 SH4 位于弯道 D 出口段,最大流速和深泓线均靠近左岸(凹岸);越靠近壁面处,流速越小,相反越靠近水面处,流速越大。以上分析反映了弯道水流运动的一般规律,同时也说明在深泓线处流速不一定达到最大。

三、主流流速和二次流的比较

为了进一步验证数值模拟结果,现分别对主流流速和二次流的实测值及计算值进行比较分析。图 6-6 为两个弯道弯顶(断面 SHJ5 和断面 SH6)处的主流流速在四条垂线处的计算值和实测值。这四条垂线为断面沿横向的五等分线,对于断面 SHJ5 来说,四条垂线距左岸的距离分别为 $y=50.2$ m、100.4 m、150.6 m、200.8 m,对于断面 SH6 来说,四条垂线距左岸的距离分别为 $y=65$ m、130 m、195 m、260 m。横坐标表示主流流速,用 u 表

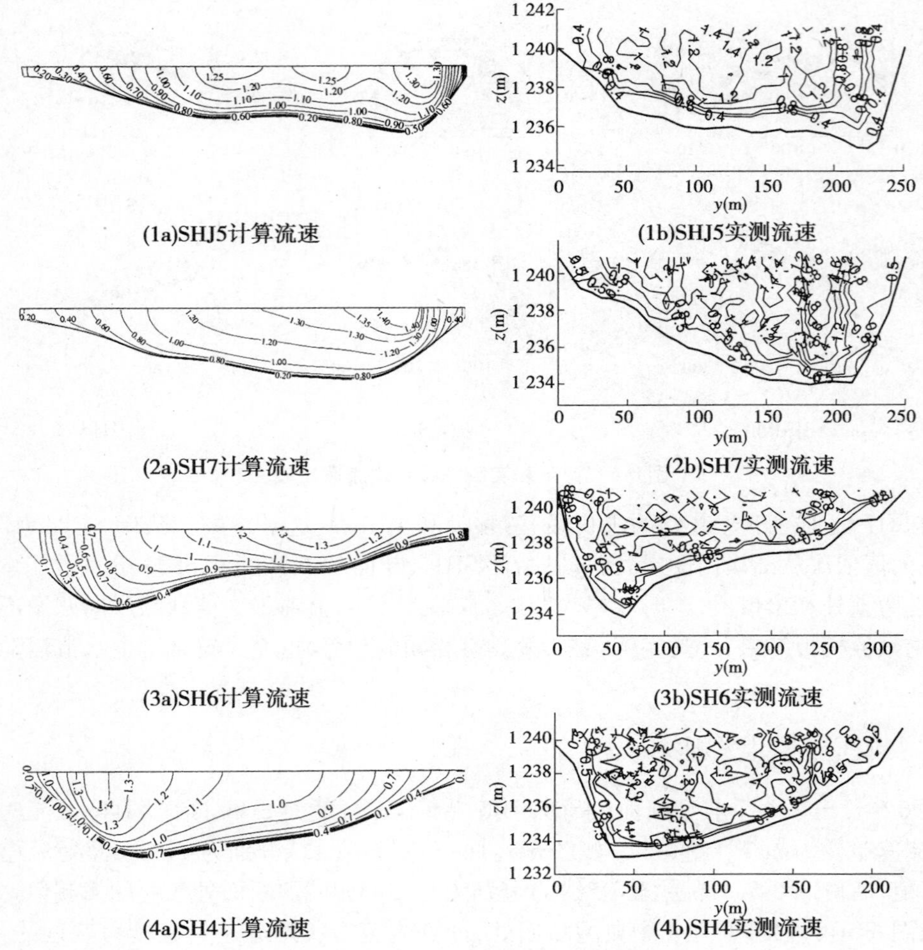

图 6-5　计算及实测断面流速大小分布比较

示，单位为 m/s，纵坐标表示水位。

从图 6-6 可以看出，数值模拟结果与实测结果较为接近。无论数值模拟结果，还是实测结果，主流流速沿垂线分布符合对数律。在床面附近，有较大的流速梯度，而在远离床面区，主流流速沿垂向的变化不大。

图 6-7 为断面 SHJ5 和断面 SH6 上的二次流在四条垂线处的计算值和实测值。四条垂线的位置与图 6-6 相同。在图 6-7 中，纵坐标代表水位，横坐标代表横向流速，规定从左岸指向右岸为正，反之则为负。

从图 6-7 可以看出，计算值和实测值具有较为接近的分布。对断面 SHJ5 来说，在靠近水面处为正，靠近床面处为负；对断面 SH6 来说，在靠近水面处横向流速为负，在靠近床面处横向流速为正。断面 SHJ5 左岸为凸岸，右岸为凹岸，断面 SH6 正好相反，以上分析说明弯道水流表层流场指向凹岸，而底层流场指向凸岸，符合弯道环流的运动规律。另外，通过比较图 6-6 和图 6-7 可以发现，横向流速和主流流速（纵向流速）相比较相对较小，横向流速一般是主流流速的 1/10 左右。

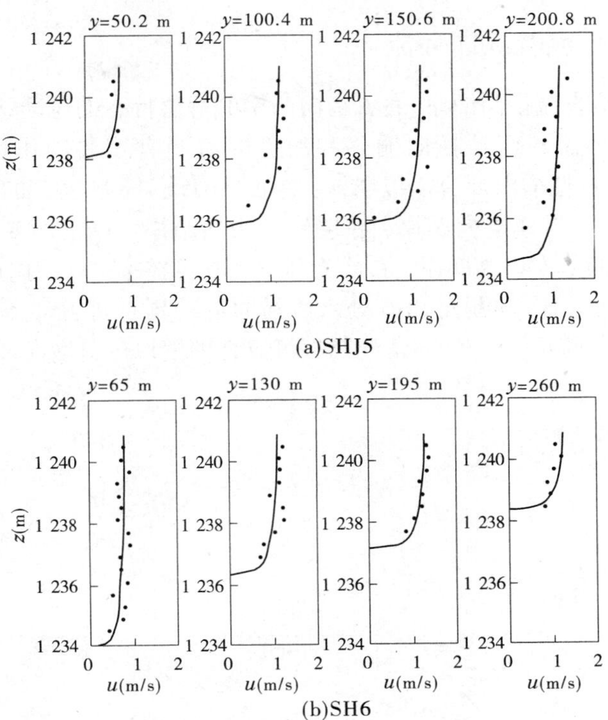

图 6-6　断面 SHJ5 和断面 SH6 主流流速大小比较（实线为计算值，实心点表示实测值）

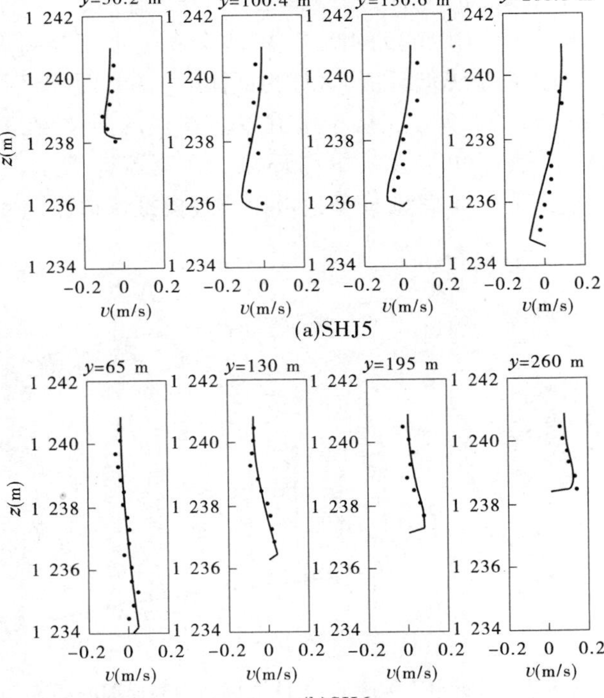

图 6-7　二次流数值模拟和实测结果比较（实线为计算值，实心点表示实测值）

四、弯道横向环流及纵向环流

弯道横向环流是表流指向凹岸,底流指向凸岸的弯道特有的运动状态,即所谓的螺旋流运动。弯道横向环流对泥沙横向输移和河道的演变有重要的作用。图 6-8 为断面 SHJ5 和断面 SH6 处弯道横向环流模拟结果。断面 SHJ5 位于弯道 C 的弯顶处,左岸为凸岸,右岸为凹岸。表层流速指向凹岸,底层流速指向凸岸。断面 SH6 位于弯道 D 弯顶处,与断面 SHJ5 相反,左岸为凹岸,右岸为凸岸,表层流速同样指向凹岸,底层流速指向凸岸。这说明断面 SHJ5 和断面 SH6 处水流横向运动具有弯道环流的特征,符合弯道水流运动规律。这表明可实现 $k-\varepsilon$ 紊流模型可以合理模拟弯道横向环流。

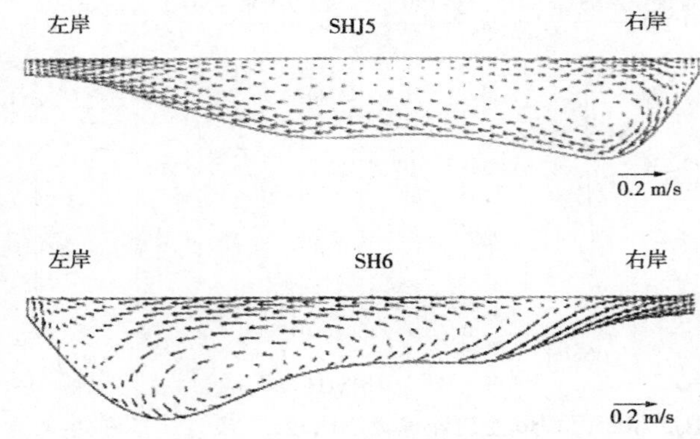

图 6-8　断面 SHJ5 和断面 SH6 处弯道环流

在弯道的进口段的凹岸和出口段的凸岸,可能会发生水流分离现象,分离区出现旋涡,充斥着逆向回流,即为弯道纵向环流,又称为回流[178]。断面 SH7 至断面 SHJ4 之间的区域既位于弯道 C 出口段的凹岸,又位于弯道 D 进口段的凸岸,在其左岸附近长约 800 m,宽约 100 m 左右的区域,可以发现纵向环流。回流流速大小在 0.2 m/s 左右,如图 6-9所示。这表明可实现 $k-\varepsilon$ 紊流模型也可以合理模拟弯道纵向环流。

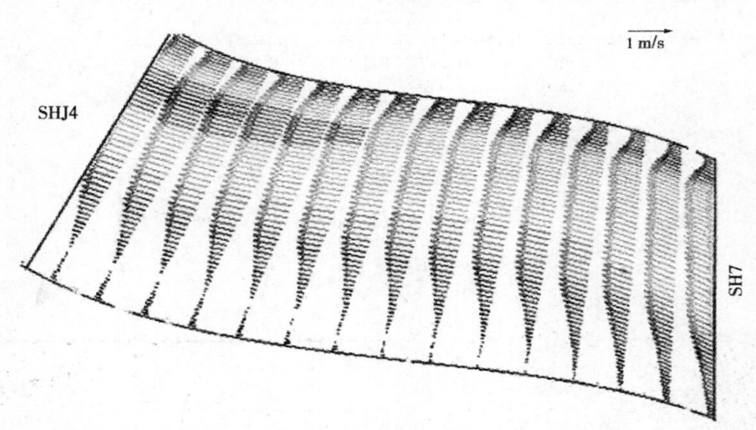

图 6-9　断面 SH7 至断面 SHJ4 之间自由表面离心环流

第三节　小　结

利用可实现 $k-\varepsilon$ 紊流模型对黄河对大柳树—沙坡头河段部分连续弯道的水流运动进行了三维数值模拟，比较分析了典型断面处垂线平均流速、断面流速大小、主流流速和二次流流速的数值模拟结果与实测结果，模拟并分析了典型断面处弯道环流和水面处离心环流。主要结论如下：

(1)数值模拟结果与实测结果较为吻合，反映了可实现 $k-\varepsilon$ 紊流模型对具有连续弯道的天然河流的数值模拟具有一定的应用价值。

(2)与顺直河段不同，天然连续弯道中主流线(即最大流速所在位置)总是左右摆动：在第一个弯道进口处靠近凸岸，然后逐渐向凹岸过渡，到达弯顶后靠近凹岸，在下一个弯道，又开始新一轮的循环。

(3)主流线与深泓线(最大水深所在位置)比较一致，但有时也会发生分离现象。

(4)天然连续弯道中会发生弯道环流现象，其表层流场指向凹岸，底层流场指向凸岸。可实现 $k-\varepsilon$ 紊流模型可以合理地模拟弯道环流现象。

(5)天然连续弯道中在进口段的凹岸和出口段的凸岸，还会发生离心环流(即逆向回流)现象。可实现 $k-\varepsilon$ 紊流模型可以合理地模拟弯道离心回流现象。

参 考 文 献

[1]张金良. 黄河水库水沙联合调度问题研究[D]. 天津:天津大学,2004.

[2]韩其为. 水库淤积[M]. 北京: 科学出版社,2003.

[3]丁义斌,姚志霞,谢建勇,等. 沙坡头水库淤积现状分析与评价[J]. 水利科技与经济,2009,15(10):915-916.

[4]张瑞瑾,等. 河流动力学[M]. 北京:中国工业出版社,1961.

[5]沙玉清. 泥沙动力学[M]. 北京:科学出版社,1965.

[6]钱宁, 万兆惠. 泥沙运动力学[M]. 北京:科学出版社,1983.

[7]张瑞瑾,谢鉴衡,等. 河流泥沙动力学[M]. 北京:水利电力出版社,1989.

[8]窦国仁. 泥沙运动理论[M]. 南京: 南京水利科学研究所,1963.

[9]Yalin MS. Mechanics of sediment transport [M]. Pergamon Press, 1972.

[10]李万红. 黄河水科学前沿[M]. 北京:科学出版社, 2009.

[11]Feldman AD. HEC models for water resources system simulation: theory and experience [R]. The Hydraulic Engineering Center, Davis, California, 1981.

[12]Versteeg HK, Malalasekera W. An introduction to computational fluid dynamics [R]. Addison Wesley Longman Limited, England, 1995.

[13]夏军强,王光谦,吴保生. 游荡型河流演变及其数值模拟[M]. 北京:中国水利水电出版社, 2005.

[14]梁国亭,姜乃迁,余欣,等. 三门峡水库水沙数学模型研究及应用[M]. 郑州:黄河水利出版社, 2008.

[15]槐文信, 赵明登,童汉毅. 河道及近海水流的数值模拟[M]. 北京:科学出版社,2005.

[16]吴持恭. 水力学(上册)[M]. 3 版. 北京:高等教育出版社,2003.

[17]张兆顺,崔桂香. 流体力学[M]. 北京:清华大学出版社, 1999.

[18]王福军. 计算流体动力学分析[M]. 北京:清华大学出版社, 2004.

[19]陶文铨. 数值传热学[M]. 西安: 西安交通大学出版社, 1995.

[20]Morinishi Y, Tamano S, Nakabayashi K. Direct numerical simulation of compressible turbulent channel flow between adiabatic and isothermal walls [J]. J. Fluid. Mech., 2004, 502: 273-308.

[21]Wang Z, Yeo KS, Khoo BC. DNS of low Reynolds number turbulent flows in dimpled channels [J]. Journal of Turbulence, 2006, 7: 1-31.

[22]Ikeda T, Durbin PA. Direct simulation of a rough-wall channel flow [J]. J. Fluid. Meth., 2007, 571: 235-263.

[23]Liu Nanshen, Lu Xiyun. Direct numerical simulation of spanwise rotating turbulent chan-

nel flow with heat transfer [J]. Int. J. Numer. Meth. Fluids., 2007, 53:1689-1706.

[24] Shmitt FG. Direct test of a nonlinear constitutive equation for simple turbulent shear flows using DNS data [J]. Computation in Nonlinear Science and Numerical Simulation, 2007, 12: 1251-1264.

[25] Su X, Li CW. Large eddy simulation of free surface turbulent flow in partly vegetated open channels [J]. Int. J. Numer. Meth. Fluids, 2002, 39:919-937.

[26] Camarri S, Salvetti MV, Koobus B, Dervieux A. Large-eddy simulation of a bluff-body flow on unstructured grids[J]. Int. J. Numer. Meth. Fluids, 2002, 40:1431-1460.

[27] Breuer M, Jovicic N, Mazaev K. Comparison of DES, RANS and LES for the separated flow around a flat plate at high incidence[J]. Int. J. Numer. Meth. Fluids, 2003, 41: 357-388.

[28] Keylock CJ, Parsons DR, Ferguson RI, et al. The theoretical foundations and potential for large-eddy simulation (LES) in fluvial geomorphic and sedimentological research [J]. Earth-Science Reviews, 2005, 71:271-304.

[29] Wang JK, Milane RE. Large eddy simulation (2D) of spatially developing mixing layer using vortex-in-cell for flow field and filtered probability density function for scalar field [J]. Int. J. Numer. Meth. Fluids, 2006, 50:27-61.

[30] 张雅,刘淑艳,王保国. 雷诺应力模型在三维湍流流场数值计算中的应用[J]. 航空动力学学报, 2005, 20(4): 572-576.

[31] Kang H, Choi SU. Reynolds stress modeling of rectangular open-channel flow [J]. Int. J. Numer. Meth. Fluids, 2006, 51:1319-1334.

[32] Worth NA, Yang Z. Simulation of an impinging jet in a cross flow using a Reynolds stress transport model [J]. Int. J. Numer. Meth. Fluids, 2006, 52:199-211.

[33] Sijercic M, Belosevic S, Stevanovic Z. Simulation of free turbulent particle-laden jet using Reynolds-stress gas turbulence model [J]. Applied Mathematical Modelling, 2007, 31: 1001-1014.

[34] Jing H, Guo Y, Li C, et al. Three-dimensional numerical simulation of compound meandering open channel flow by the Reynolds stress model [J]. International Journal for Numerical Methods in Fluids, 2009, 59: 927-943.

[35] Jing H, Li C, Guo Y, et al. Numerical simulation of turbulent flows in trapezoidal meandering compound open channels [J]. Int. J. Numer. Mech. Fluids, 2011, 65: 1071-1083.

[36] 许唯临, 廖华胜, 杨永全. 含污染物的弱弯曲明渠弯道湍流数值模拟[J]. 应用力学学报, 1996, 14(2):101-104.

[37] Sugiyama H, Hitomi D, Saito T. Numerical analysis of turbulent structure in compound meandering open channel by algebraic Reynolds stress model [J]. International Journal for Numerical Methods in Fluids, 2006, 51: 791-818.

[38] Naot D, Nezu I, Nakagawa H. Hydrodynamic behavior of partly vegetated open channels

[J]. Journal of Hydraulic Engineering (ASCE), 1996, 122:625-633.

[39] Rodi W. Turbulence model and their application in hydraulics [R]. 2th ed. Netherlands, IAHR, 1984.

[40] Bradshaw P, Cebeci T, Whitelaw JH. Engineering calculation methods for turbulent flows [M]. London: Acadamic Press, 1981.

[41] Gessner FB, Emery AF. A length-scale model for developing turbulence flow in a rectangular ducts [J]. ASME J. Fluids Engineering, 1977, 99: 347-356.

[42] Gessner FB, Emery AF. The numerical prediction of developing turbulence flow in rectangular ducts [J]. ASME J. Fluids Engineering, 1981, 101: 445-455.

[43] Cebeci T, Smith AMO. Analysis of turbulent boundary layers [M]. New York: Academic Press, 1974.

[44] Emery AF, Neighbors PK, Gessner FB. The numerical prediction of developing turbulent flow and heat transfer in a square duct [J]. ASME J Heat Transfer, 1980, 102:51-57.

[45] Levy S, Healzer JM. Application of mixing length theory to wavy turbulent liquid gas interface [J]. ASME J Heat Transfer, 1981, 103:492-500.

[46] Patankar SV, Ivanovic M, Sparrow EM. Analysis of turbulent flow and heat transfer in iternally finned tubes and annuli [J]. ASME J Heat Transfer, 1979, 101:29-37.

[47] Chen HC, Patel VC. Near wall turbulence model for complex flows including separation [J]. AIAA J., 1988, 26: 641-648.

[48] Rodi W. Experience with two-layer models combining the $k-\varepsilon$ model with one-equation model near wall [C]. AIAA-91-0216, 29th Aerospace Sciences Meeting, Nevada, 1991.

[49] Launder BE, Spalding DB. The numerical computation of turbulent flows [J]. Comp. Methods Appl. Mech. Eng., 1974, 3 (2): 269-289.

[50] Pourahmadi F, Humphery JAC. Prediction of curved channel flow with an extended $k-\varepsilon$ model of turbulence [J]. AIAA J., 1983, 21:1365-1373.

[51] Amano RS. Development of a turbulence near-wall model and its application to separated and reattached flows [J]. Numer Heat Transfer, 1984, 7: 59-75.

[52] Rameshwaran P, Naden PS. Three-dimensional Numerical simulation of compound channel flows[J]. Journal of Hydraulic Engineering (ASCE), 2003, 129: 645-652.

[53] Guo YK, Zhang LX, Shen YM, et al. Modelling study of free overfall in a rectangle channel with strip roughness [J]. Journal of Hydraulic Engineering (ASCE), 2008, 134: 664-668.

[54] Pezzinga G. Velocity distribution in compound channel flows by numerical modeling [J]. Journal of Hydraulic Engineering (ASCE), 1994, 120:1176-1198.

[55] Acharya S, Dutta B. Numerical investigation of turbulent forced convection in ducts with rectangular and trapezoidal cross-section area by using different turbulence models [J]. Numer Heat Transfer, Part A. 1996, 30:321-346.

[56]Torri S, Yang WJ. Heat transfer analysis of turbulent parallel Couette flows using anisotropic $k-\varepsilon$ model [J]. Numer Heat transfer, Part A, 1997, 31: 223-234.

[57]Sofialidis D, Prinos P. Compound open-channel flow modeling with nonlinear low-Reynolds $k-\varepsilon$ models [J]. Journal of Hydraulic Engineering (ASCE), 1998, 124:253-262.

[58]Yakhot V, Orzag SA. Renormalization group analysis of turbulence: basic theory [J]. J. Scient. Comput, 1986, 1:3-11.

[59]Speziale CG, Thangam S. Analysis of an RNG based turbulence model for separated flows [J]. Int. J. Engng. Sci., 1992, 10:1379-1388.

[60]王远成,吴文权. 基于 RNG $k-\varepsilon$ 湍流模型钝体绕流的数值模拟[J]. 上海理工大学学报,2004, 26(6):519-523.

[61] Zhang Mingliang, Shen Yongming. Three-dimensional simulation of meandering river based on 3-D RNG $k-\varepsilon$ turbulence model [J]. Journal of Hydrodynamics Ser. B, 2008, 20 (4): 448-455.

[62]周刚,汪家道,陈大融. 小型水洞拐角导流片的数值设计[J]. 计算力学学报,2010, 27(1):102-109.

[63]Shih TH, Liou WW, Shabbir A, et al. A new $k-\varepsilon$ eddy viscosity model for high Reynolds number turbulent flows[J]. Comput. Fluids. 1995, 24(3): 227-238.

[64]刘仙名, 符松. 用可实现 $k-\varepsilon$ 模式对细长体大攻角分离流场的数值模拟[J]. 计算力学学报, 2006, 23 (3): 275-279.

[65] Kimura I, Hosoda. A non-linear $k-\varepsilon$ model with realizability for prediction of ows around bluff bodies [J]. Int. J. Numer. Meth. Fluids, 2003, 42:813-837.

[66] Hanjalic K, Launder BE. Schiestel R. Multiple-time-concepts in turbulence transport modeling [C]//Turbulent shear flows Ⅱ. Berlin: Springer-Verlag, 1980.

[67]Zeidan E, Djilali N. Multiple-time scale turbulence model: computations of flow over a square rib [J]. AIAA J. 1996, 34(5):626-629.

[68]Kim SW, Chen CP. A multiple-time-scale turbulence model based on variable partitioning of the turbulent kinetic energy spectrum[J]. Numer Heat Transfer, Part B. 1989, 16:193-211.

[69]Wilcox DC. Turbulence modeling for CFD [M]. DCW Industries Inc., La Canada, California, 1998.

[70]刘安成,王亚盟,郝春生. SST $k-\omega$ 模型用于冲击射流冷却的可靠性[J]. 南昌航空大学学报, 2009, 23 (4):32-36.

[71]金文,张鸿雁. 微尺度内流流场数值模拟方法及实验[J]. 农业机械学报, 2010,41 (3): 67-71.

[72]胡丹梅,李佳,闫海津. 水平轴风力机翼型动态失速的数值模拟[J]. 中国电机工程学报, 2010,30(20):106-111.

[73]李大鸣, 林毅, 刘雄,等. 具有闸、堰的一维河网非恒定流数学模型及其在多闸联合调度中的应用[J]. 水利水电技术, 2010,41 (9): 47-51.

[74]李致家. 通用一维河网不恒定流软件的研究[J]. 水利学报,1998(8): 14-18.
[75]张防修,王艳平,韩龙喜,等. 复式河道一维洪水演进数值模拟[J]. 水利水电科技进展, 2008, 28 (5): 6-9.
[76]戎贵文,魏文礼,严建军. 坝洪水演进数值模拟研究[J]. 黑龙江水专学报, 2008, 35 (3): 12-14.
[77]倪志强. 水库水温的数值模拟[D]. 南京:河海大学,2006.
[78]马晓伟. 水质数学模型数值模拟及预测研究[D]. 西安:西安理工大学, 2009.
[79]孙涛. 西北典型干旱区水土资源评价与预测模型的研究[D]. 北京:中国水利水电科学研究院,2005.
[80]李义天,谢鉴衡. 冲积平原河流平面流动的数值模拟[J]. 水利学报, 1986(11):9-15.
[81]Li-ren YU, Jun YU. Numerical research on flow and thermal transport in cooling pool of electrical power station using three depth-averaged turbulence models [J]. Water Science and Engineering, 2009, 2 (3): 1-12.
[82]黄新丽,周晓阳,程攀. 正交曲线坐标下一种有效的弯道河流数值模型[J]. 水动力学研究与进展(A 辑),2007,22 (3):286-292.
[83]Lien HC, Hsieh TY, Yang JC, et al. Bend-flow simulation using 2D depth-averaged model[J]. Journal of Hydraulic Engineering (ASCE), 1999, 125(10):1097-1108.
[84]Jin YC, Kennedy JF. Moment model of nonuniform channel-bend flow [J]. Journal of Hydraulic Engineering (ASCE) 1993, 119 (1): 109-124.
[85]方春明. 考虑弯道环流影响的平面二维水流泥沙数学模型[J]. 中国农村水利水电科学研究院学报, 2003, 1 (3): 190-193.
[86]刘玉玲, 刘哲. 弯道水流数值模拟研究. 应用力学学报[J], 2006, 24 (2): 310-312.
[87]Feldman AD. HEC models for water resources system simulation: theory and experience [R]. The Hydraulic Engineering Center, Davis, California, 1981.
[88]韩其为,何明民. 水库淤积与河床演变的(一维)数学模型[J]. 泥沙研究, 1987(3): 14-29.
[89]韩其为,何明民. 泥沙数学模型中冲淤计算的几个问题[J]. 水利学报,1988(5):16-25.
[90]杨国录,吴卫民. SUSBED - 2 动床恒定非均匀全沙模型[J]. 水利学报, 1994 (4):1-11.
[91]钱意颖,曲少军,曹文洪,等. 黄河泥沙冲淤数学模型[M]. 郑州: 黄河水利出版社, 1998.
[92]窦国仁,赵世清,黄亦芬. 河道二维全沙数学模型的研究[J]. 水利水运科学研究, 1987(2):1-12.
[93]李义天. 冲积河道平面变形计算初步研究[J]. 泥沙研究, 1988(1):34-44.
[94]周建军, 林秉南,王连祥. 平面二维泥沙数学模型的研究及应用[J]. 水利学报,

1993 (11):10-19.

[95]窦国仁,董风舞,窦希萍. 河口海岸泥沙数学模型[J]. 中国科学, 1995,25(9):995-1001.

[96]陆永军, 张华庆. 平面二维河床变形的数值模拟[J]. 水动力学研究与进展,1993, 8(3):273-284.

[97]Nagata N, Hosoda T, Muramoto Y. Numerical analysis of river channel processes with bank erosion[J]. Journal of Hydraulic Engineering (ASCE), 2000, 126 (4): 243-252.

[98]黄远东,张红武, 赵连军,等. 黄河下游平面二维非恒定输沙数学模型[J]. 水动力学研究与进展,2003,18(5): 638-646.

[99]Junqiang Xia, Binliang Lin, Falconer RA, et al. Modelling dam-break flows over mobile beds using a 2D coupled approach [J]. Advances in Water Resources, 2010, 33: 171-183.

[100]Duan JG, Julien PY. Numerical simulation of meandering evolution [J]. Journal of Hydrology, 2010, 391: 34-46.

[101]Chen RF. Modeling of esturay hydrodynamics-A mixtures of are and science[C]. Proceedings of 3rd International Symp. On River sedimentation, the University of Mississippi, 1986.

[102]Prinos P. Compound open flow with suspend sediments[J]. Advances in Hydro-Science and Engineering, Part B, USA, the University of Mississippi, 1993, 1:1206-1214.

[103]陆永军,窦国仁,韩龙喜,等. 三维紊流悬沙数学模型及应用[J]. 中国科学(E 辑), 2004,34(3):311-328.

[104]Ruther N, Olsen NRB. Three-dimensional modelling sediment transport in a narrow channel bend [J]. J Hydr. Eng. ASCE, 2005, 131 (10): 917-920.

[105]Bui MD, Rutschmann P. Numerical modelling of non-equilibrium graded sediment transport in a curved open channel [J]. Computers & Geosciences, 2010, 36: 792-800.

[106]Osman AM, Thorne CR. Riverbank stability analysis [J]. Journal of Hydraulic Engineering (ASCE), 1988, 114 (2): 134-150.

[107]黄金池,万兆惠. 黄河下游河床平面变形模拟研究[J]. 水利学报, 1999(2):13-18.

[108]Darby SE, Alabyan AM, Van WMJ. Numerical simulation of bank erosion and channel migration in Meandering rivers [J]. Water Resource Research, 2002, 36 (9):1-19.

[109]夏军强, 王光谦, 吴保生. 平面二维河床纵向与横向变形数学模型[J]. 中国科学(E 辑) 2004,34(1): 165-174.

[110]曾庆华. 关于弯道的底沙运动问题. 泥沙研究[J], 1982(3):59-65.

[111]沈永明, 刘诚. 弯曲河床中底沙运动和河床变形的三维 $k-\varepsilon-kp$ 两相湍流模型[J]. 中国科学 (E 辑), 2008,38 (7):1118-1130.

[112]朱庆平. 基于 GIS 的二维水沙数学模型及其在黄河下游应用的研究[D]. 南京:河海大学, 2005.

[113]李人宪. 有限体积法基础[M]. 北京:国防工业出版社,2008.
[114]Aziz K, Hellums JD. Numerical solution of three-dimensional equations of motion for laminar natural convection [J]. Phys. Fluids, 1967, 10: 314-324.
[115]Kuehn TH, Goldstein RJ. An experimental and theoretical study of natural convection in the annulus between horizontal concentric cylinders [J]. J. Fluid Mech., 1976, 74: 605-719.
[116]Atkins DJ, Maskall SJ, Patrick MA. Numerical prediction of separated flows [J]. Int J. Numer Methods Eng., 1980, 15:129-144.
[117]Wong AK, Reizes JA. An effective vorticity-vector potential formulation for the numerical solution of three dimensional duct flow problems [J]. J. Comput. Phys., 1984, 55: 98-114.
[118]Guermond JL, Quartapelle L. Equivalence of $u-p$ and $\zeta-\psi$ formulations of the time-dependent Navier-Stokes equations [J]. Int. J. Numer. Methods Fluids, 1994, 15: 449-470.
[119]张涤明. 计算流体力学[M]. 广州: 中山大学出版社,1991.
[120]庞重光,杨作升. 黄河口泥沙异重流的数值模拟[J]. 青岛海洋大学学报, 2001, 31(5):762-768.
[121]魏文礼,刘哲. 曲线坐标系下平面二维浅水模型的修正与应用[J]. 计算力学学报, 2007, 24(1):103-106.
[122]Patankar SV, Spalding DB. A calculation procedure for heat mass and momentum tranfer in three-dimensional parabolic flows [J], Int. J. Heatand Masstransfer, 1972, 15: 1787-1806.
[123]Issa RI. Solution of the implicit discretized fluid flow equations by operator splitting[J]. J. Comput. Phy., 1986, 62: 40-65.
[124]陶文铨. 传热与流动问题的多尺度数值模拟:方法与应用[M]. 北京:科学出版社, 2009.
[125]吴修广,沈永明,郑永红. 等. 非正交曲线坐标下二维水流计算的 SIMPLEC 算法[J]. 水利学报, 2003(2):25-37.
[126]朱木兰,金海生. 正交曲线坐标系准三维全沙数学模型[J]. 河海大学学报(自然科学版),2008,36(4):525-531.
[127]Hirt CW, Amsden AA, Cook JL. An arbitrary Lagrangian-Eulerian computing method for all flow speeds [J]. Journal of Computational Physics, 1974, 14(3): 227-253.
[128]Caretto LS, Gosman AD, Patankar SV, et al. Two calculation procedures for steady, three-dimensional flows with recirculation [C] // Proceedings of 3rd International conference on Numerical Methods in Fluid Mechanics. Berlin: Springer-Verlag, 1973.
[129]Rhie CM, Chow WL. A numerical study of the turbulent flow past an isolated airfoil with trailing edge separation [J]. AIAA J., 1983, 21:1525-1552.
[130]Peric M, Kessler R, Scheuerer G. Comparison of finite volume numerical methods with

staggered and collocated grids [J]. Comput Fluids, 1988, 16:389-403.

[131] Courant RA, Martin RE, Rees M. On the solution of non-linear hyperbolic differential equations by finite differences [J]. Pure Appl. Math., 1952, 5(3):243-255.

[132] Leonard BP. A survey of finite differences with upwinding for numerical modeling of the imcompressible convective diffusion equation[C]//Taylor C, Mogan K, eds. Computational techniques in transient and turbulent flows. Swansea: Pineridge Press, Limited, 1981.

[133] Leonard BP. A stable and accurate convective modeling procedure based on quadratic upstream interpolation [J]. Comput. Meth. Appl. Mech. Eng., 1979, 29:59-98.

[134] Darwish MS, Moukalled F. The normalized weighting factor method: a novel technique accelerating the convergence of high resolution convective scheme [J]. Numer Heat Transfer, Part B, 1996, 30:217-237.

[135] Nagano A, Satofuka N, Shimomura N. A Cartesian grid approach to compressible viscous flow computations [C]//Computational fluid dynamics'96. New York: John Wiley & Sons Ltd, 1996.

[136] Heyase T, Humphery JAC, Grief AR. A consistently formulated QUICK scheme for fast and stable convergence using finite volume iterative calculation procedure [J]. J. Comput. Phys., 1992, 93: 108-118.

[137] Takizawa A, et al. Generalization of physical component boundary fitted coordinate method for the analysis of free-surface flow [J]. International Journal for Numerical Methods in Fluids, 1992, 15: 1213-1231.

[138] 吴修广. 曲线坐标系下水流和污染物扩散输移的湍流模型[D]. 大连:大连理工大学, 2004.

[139] 陶建华. 水波的数值模拟[M]. 天津:天津大学出版社, 2005.

[140] Basara B, Alajbegovic A, Beader D. Simulation of single and two-phase flows on sliding unstructured meshes using finite volume method [J]. Int. J. Numer. Meth. Fluids, 2004, 45:1137-1159.

[141] Rossi N, Ubertini S, Bella G, et al. Unstructured lattice Boltzmann method in three dimensions [J]. Int. J. Numer. Meth. Fluids, 2005, 49: 619-633.

[142] Mohammadian A, Roux DYL. Simulation of shallow flows over variable topographies using unstructured grids [J]. Int. J. Numer. Meth. Fluids, 2006, 52: 473-498.

[143] Winslow AM. Numerical solution of the quasilinear Poisson equation in a nonuniform triangle mesh [J]. J. Comput. Phys., 1997, 135 (2): 128-138.

[144] Thompson JF, Thames FC, Mastin CW. Automatic numerical generation of body-fitted curvilinear coordinate system for field containing any number of arbitrary two-dimensional bodies [J]. J. Comput. Phys, 1974, 15:299-319.

[145] Steger JL, Chaussee DS. Generation of body-fitted coordinates using hyperbolic partial differential equations [J]. SIAM J. Sci. Stat. Comp., 1980, 1(4): 431-437.

[146] Nakamura S. Marching grid generation using parabolic partial differential equations [C]// Thompson JF. eds. Numerical grid generation. New York:Elsevier, 1982.
[147] Brackbill JU, Saltzman JS. Adaptive zoning for singular problems in two dimensions [J]. Journal of Computational Physics, 1982, 46: 342-355.
[148] Sparis PD. A method for generating boundary orthogonal curvilinear coordinate system using the biharmonic equation [J]. Journal of Computational Physics, 1985, 59: 45-53.
[149] Ryskin G, Leal LG. Orthogonal mapping [J]. Journal of Computational Physics, 1983, 50: 445-458.
[150] Xu H, Zhang C. Study of the effect of the non-orthogonality for non-staggered grid-the theory [J]. International Journal for Numerical Methods in Fluids, 1998, 28: 1265-1280.
[151] Hsu CT, Yeh KC, Yang JC. Depth-averaged two-dimensional curvilinear explicit finite analytical model for open channel flows [J]. International Journal for Numerical Methods in Fluids, 2000, 33: 175-202.
[152] Bates PD, Siegert MJ, Lee V, et al. Numerical simulation of three-dimensional velocity fields in pressurized and non-pressurized Nye channels[J]. Annals of Glaciology, 2003, 37: 281-285.
[153] 于普兵. 二维浅水水流数值模拟技术研究[D]. 南京: 南京水利科学研究院, 2006.
[154] 曹振轶. 长江口平面二维非均匀全沙数学模型[D]. 上海: 华东师范大学, 2002.
[155] 钟德钰,张红武,王光谦. 冲积河流混合活动层内床沙级配变化的动力学基本方程[J]. 水利学报,2004(9):1-10.
[156] 王光谦,张红武,夏军强. 游荡型河流演变及模拟[M]. 北京:科学出版社,2005.
[157] Vriend DHJ. Velocity redistribution in curved rectangular channels [J]. J. Fluid. Mech., 1981, 107: 423-439.
[158] 张瑞瑾. 河流泥沙动力学[M]. 2 版. 北京: 中国水利水电出版社, 1998.
[159] 李义天. 冲淤平衡状态下床沙质级配初探[J]. 泥沙研究, 1987(1): 82-87.
[160] 朱庆平, 芮孝芳. 基于 GIS 的黄河下游二维水沙数学模型水沙构件设计[J]. 人民黄河, 2005, 27(3): 44-46.
[161] 王兴奎,邵学军,王光谦,等. 河流动力学[M]. 北京:科学出版社,2004.
[162] 沙玉清. 泥沙运动学引论[M]. 北京:中国工业出版社,1965.
[163] Thomas PD, Middlecoeff JF. Direct control of the grid point distribution in meshes generated by elliptic equations [J]. AIAA J., 1980, 18:652-656.
[164] Hayase T, Humphrey JAC, Greif G. A consistently formulated QUICK scheme for fast and stable convergence using finite volume iterative calculation proceeding [J]. Journal of Computational Physics, 1992, 98:108-118.
[165] Khosla PK, Rubin SG. A diagonally dominant second order accurate implicit scheme [J]. Compute Fluids, 1974, 2:207-209.

[166]吴巍. 一般曲线坐标系下平面二维水沙数学模型的研究[D]. 西安: 西安理工大学, 2006.

[167]Van Doormaal JP, Raithby GD. Enhancement of the SIMPLE method for predicting incompressible fluid flow [J]. Number Heat Transfer, 1984, 7: 147-163.

[168]陶文铨. 计算传热学的近代发展[M]. 北京:科学出版社,2000.

[169]何少苓,王连祥. 窄缝法在二维边界变动水域计算中的应用[J]. 水利学报, 1986, 12:11-19.

[170]程文辉,王船海. 用正交曲线网格及"冻结法"计算河道流速场[J]. 水利学报, 1988(6):18-24.

[171]Dietrich WE, Smith JD, Dunne T. Flow and sediment transport in a sand bedded meander [J]. Journal of Geology, 1987, 87:305-315.

[172]张红武,吕昕. 弯道水力学[M]. 北京:水利电力出版社,1993.

[173]刘焕芳. 弯道自由水面形状的研究[J]. 水利学报, 1990(4): 46-50.

[174]张红武. 河工模型变率及弯道环流的研究[D]. 郑州:黄河水利科学研究院,1986.

[175]Ippen AT, Drinker PA. Boundary shear stresses in curved trapezoidal channels[J]. J. H · r. Div. (ASCE), 1962, 88 (5):143-180.

[176]罗索夫斯基. 弯道上横向环流及其与水面形状的关系[C]//河床演变论文集. 中国水利水电科学研究院,译. 北京:科学出版社, 1965.

[177]张植堂, 林万泉, 沈勇健. 天然河弯水流动力轴线的研究[J]. 长江水利水电科学研究院院报, 1984 (1):47-57.

[178]王韦,许唯临,蔡金德. 弯道水沙运动理论及应用[M]. 成都: 成都科技大学出版社, 1994.

[179]何奇,王韦,蔡金德. 环流非充分发展的弯道床面切力计算[J]. 泥沙研究, 1989 (3):66-74.

[180]曾庆华. 关于弯道底沙运动问题[J]. 泥沙研究, 1982(3):60-65.

[181]钱宁, 张仁, 周志德. 河床演变学[M]. 北京: 科学出版社, 1989.

[182]张玉萍. 弯道水力学研究现状分析[J]. 武汉水利电力大学学报, 2000,33(5):35-49.

作者简介

景何仿，男，1969 年 6 月出生，甘肃岷县人，博士，现为北方民族大学副教授。1995 年 7 月毕业于西北师范大学数学系，获理学学士学位，在甘肃岷县第一中学任教多年。2004 年 7 月获兰州大学计算数学专业理学硕士学位。毕业后到北方民族大学工作至今。2006 年 11 月，在国家留学基金委“青年骨干教师出国研修项目”的资助下，赴英国 Aberdeen 大学物理学院工程系，进行了为期 6 个月的合作研究。2008 年 9 月，考入宁夏大学土木与水利工程学院，攻读水利水电专业博士学位，于 2011 年 6 月获得工学博士学位，其博士论文荣获 2011 年度“宁夏回族自治区优秀博士论文”称号。近年来，撰写并发表了 30 多篇论文，其中大多数文章发表在核心期刊上，有 2 篇被 SCI 检索，3 篇被 EI 检索，1 篇被 ISTP 检索。主持完成了 2 项省部级科研项目和 2 项宁夏高等学校科学技术研究项目，目前正在主持 1 项宁夏自然科学基金项目。作为项目组第一参与人，参加完成了 1 项国家自然科学基金项目和 1 项自治区水利厅横向项目，目前作为项目组第一参与人正在参加 1 项国家自然科学基金项目和 1 项宁夏长城水务公司横向项目的研究。

李春光，男，1964 年 12 月出生，河南正阳县人，博士。1983 年毕业于华北水利水电学院，获学士学位，1983 年 8 月至 1988 年 8 月在水电部第十四工程局鲁布革水电站从事工程技术工作，1991 年 7 月获四川大学计算数学专业理学硕士学位，1995 年 9 月至 1999 年 6 月在西安交通大学理学院攻读计算数学专业博士学位。2002 年 7 月至 2003 年 11 月应邀赴荷兰 Delft 理工大学从事博士后合作研究。现任北方民族大学教授，并兼任宁夏大学土木与水利工程学院教授、博士研究生导师。2002 年享受国务院特殊津贴。长期从事计算数学和计算流体力学的教学、科研工作。现累积发表学术论文 40 余篇，出版学术专著 1 部。主持完成了 1 项国家级项目、多项省部级科研项目的研究，目前正在主持 1 项国家自然科学基金项目的研究。